U0306392

科尔沁沙地

人工草地豆禾间作效应

郝 凤 ◎ 著

KEERQIN SHADI RENGONG CAODI
DOUHE JIANZUO XIAOYING

中国农业科学技术出版社

图书在版编目（CIP）数据

科尔沁沙地人工草地豆禾间作效应／郝凤著．
北京：中国农业科学技术出版社，2024.9. --ISBN
978-7-5116-7007-6

Ⅰ.S344.2

中国国家版本馆 CIP 数据核字第 2024ED7196 号

责任编辑　陶　莲
责任校对　王　彦
责任印制　姜义伟　王思文

出 版 者　中国农业科学技术出版社
　　　　　北京市中关村南大街 12 号　　邮编：100081
电　　话　（010）82109705（编辑室）　（010）82106624（发行部）
　　　　　（010）82109709（读者服务部）
网　　址　https://castp.caas.cn
经 销 者　各地新华书店
印 刷 者　北京建宏印刷有限公司
开　　本　148 mm×210 mm　1/32
印　　张　3.875
字　　数　130 千字
版　　次　2024 年 9 月第 1 版　2024 年 9 月第 1 次印刷
定　　价　80.00 元

前　言

　　天然草原过度放牧、草原退化问题是一个全球性的难题，在亚洲及非洲等国家尤其严重。我国是世界上草原退化严重的国家，草原生态脆弱，形势严峻，70%的草原处于不同程度的退化状态，已经严重影响畜牧业及草牧业的良性健康发展，制约着全国10余省份的经济发展及农牧民生活水平的进一步提高，是乡村振兴、农业农村经济发展的最大绊脚石之一，同时也是生态文明建设重点攻坚难题之一，草原保护修复任务十分艰巨。

　　科尔沁沙地位于我国北方农牧交错带东南端，是重要的牧区畜牧业发展区域，由于不合理的放牧与过度开垦等导致土壤沙化加剧，使本就脆弱的生态系统进一步恶化。近年来，围栏封育、退耕还林还草等政策的实施，沙漠化进程放缓，接踵而来便是草畜矛盾问题。建植人工草地，是大幅度提高沙化草地生产能力，缓解沙化草地退化矛盾的主要途径之一，对大规模开发利用我国北方沙地资源，发展沙区、沙地畜牧业生产，改善生态环境有着重要的现实意义。通过建设人工草地，可以将大部分的天然草地从目前的放牧压力中解放出来，充分发挥其生态功能，是遏制土地沙漠化、恢复生态和发展草牧业的有效措施之一。豆禾混播既可提高草地牧草产量，又能培肥地力，将用地与养地结合起来，可实现人工草地的经济效益与生态效益双赢。

　　本书作者致力于科尔沁沙地豆禾混播草地的研究，站在前辈的肩上，借鉴研究团队十几年的研究成果撰写而成，介绍了科尔沁沙地的位置、分布、气候特征、水热条件、动植物资源等基本概况；豆禾间作的生态原理、间作的产量效应，养分竞争特征，光能及肥料利用效率等基本内容；从豆禾混播草地组合方式、间作比例角度，着重阐述了紫花苜蓿与无芒雀麦、垂穗披碱草、通草1号蔸草间作增产提质相关机制，对丰富豆禾混播草地理论和指导科尔沁沙地豆禾混播草地建植与管理具有重要意义。

本项目的相关研究和出版得到了国家自然科学基金"科尔沁沙地苜蓿添加模式对豆禾混播草地产量稳定性及土壤生态化学计量特征的影响（31960352）"、内蒙古自然基金"科尔沁沙地氮高效型苜蓿根系格局及其吸氮增效生理机制的研究（2019LH03011）""豆禾混播草地稳定性对紫花苜蓿添加的响应研究（2023QN03036）"、内蒙古教育厅专项"科尔沁沙地混播草地高产稳产协同提升技术试验与示范（STAQZX202315）"、内蒙古民族大学博士科研启动基金"紫花苜蓿-无芒雀麦混播增产效应研究（BS521）"、自治区高校基本科研业务项目"牧草混播·科尔沁沙地生态建设与绿色种植（GXKY22247）""科尔沁沙地氮高效型苜蓿吸氮增效策略的研究（GXKY23Z021）"、通辽市科技计划项目"科尔沁沙地生态修复治理关键技术研究与示范（S22001）"等项目的支持。本书在出版和撰写过程中还得到张永亮老师、高凯老师、于铁峰老师等领导、同事、专家的帮助与支持，在此致以衷心的感谢。

由于作者水平有限，书中难免出现疏漏或不妥之处，敬请同行专家与广大读者批评指正。

郝　凤

内蒙古民族大学

2024 年 7 月

目　　录

第一章 科尔沁沙地概况

第一节 科尔沁沙地的地理位置与分布

科尔沁沙地地处西辽河平原，历史上曾是水草丰美、牛羊肥壮的疏林草原，由于气候变化及过垦过牧，生态环境严重失衡，是中国最大的沙地，也是京津冀风沙的主要源头之一，沙地分布区面积约为 6.63 万 km²，其中沙地面积 3.51 万 km²，是我国最大的沙地之一，与浑善达克沙地、毛乌素沙地、呼伦贝尔沙地并称中国四大沙地。

科尔沁沙地位于我国东北平原的西部、内蒙古东南部，东部以吉林省双辽市为界，西部与内蒙古翁牛特旗巴林桥为邻，北部和南部介于大兴安岭东麓丘陵和燕山北部黄土丘陵之间。地理坐标为：42°41′~45°15′N，118°35′~123°30′E。按地质力学观点，科尔沁沙地属于新华夏系和阴山纬向构造体系所控制的松辽沉降带的一部分。第三纪后期的新构造运动，使山岭西侧随着内蒙古高原不断上升，形成峰顶夷平面，东坡则不断下降，形成阶梯山形。下沉的嫩江、辽河地区沉积了深厚的沙砾、粉细沙黏土，形成平原地貌。科尔沁沙地即处于平原西部向内蒙古高原的过渡地带，地势自西向东缓慢倾斜，在南北方向上自两侧丘陵向中部河谷倾斜，海拔高度自东向西由 178.5 m 升至 631.9 m。沙地的主体处在西辽河下游干支流沿岸的冲积平原，北部沙地零散分布在大兴安岭山前冲积洪积台地上。

科尔沁沙地覆盖内蒙古、吉林和辽宁的 8 个盟（市）、22 个县

（旗）、187 个乡（镇、苏木），其中内蒙古境内分布面积 5.73 万 km²，占沙地总面积的 86.42%，主要旗县有科尔沁右翼中旗、扎鲁特旗、阿鲁科尔沁旗和巴林右旗的南部、翁牛特旗东半部、敖汉旗北部、奈曼旗中部、库伦旗北部、科尔沁左翼后旗大部、科尔沁左翼中旗北部、开鲁县和辽宁省彰武县北部及康平县西北部等。内蒙古通辽市地处科尔沁沙地腹地，沙地覆盖了通辽市近 1/3 的土地面积。

科尔沁沙地治理工程从 20 世纪 50 年代开始，特别是 2000 年以来治理规模不断扩大，治理效果显著。内蒙古境内累计有效治理面积约 2475 万亩①，森林面积从 2010 年的 1890 万亩增加到 2017 年的 1977 万亩，森林覆盖率从 2010 年的 22% 增加到 2017 年的 23%，草原综合植被盖度从 2009 年的 42.7% 恢复到 2018 年的 50.7%。当前尚有流动和半固定沙地 430 万亩急需治理，有 810 万亩退化林急需修复。

第二节 科尔沁沙地的气候特征

一、光照条件

科尔沁沙地处于东北平原向内蒙古高原的过渡地带，气候具有从暖温带向温带、半湿润区向半干旱区过渡的特点。科尔沁沙地光照条件较好，太阳辐射总量为 5200~5400 MJ/m²，生长季节（4—9 月）的总辐射量占全年总辐射的 65%。总辐射量的月变化呈单峰型，6 月最高，12 月最低。日平均气温 ≥10 ℃ 期间太阳辐射总量为 2800 MJ/m²，约占全年的 50%。生长季节有效光合辐射为 1700 MJ/m²。全年日照时数为 2900~3100 h，日照率 65%~70%。生长季节日照时数占全年日照时数的 55% 左右。

---

① 1 亩 ≈ 667 m²，全书同。

二、温度条件

科尔沁沙地受蒙古高压气流影响，属大陆性气候，特点明显。春季干旱，夏季炎热，秋季凉爽，冬季寒冷。年平均气温 5~7 ℃，1 月平均气温 -16.2~-12.6 ℃，7 月平均气温 20.3~23.9 ℃，极端最高气温 39 ℃，极端最低气温 -29.3 ℃，≥10 ℃ 积温为 3000~3200 ℃。终霜日在 4 月 30 日至 5 月 10 日，初霜日在 9 月 25 日至 10 月 5 日，无霜期 140~160 d。气温的年较差和日较差都很大，年较差约 35 ℃，日较差超过 10 ℃，最高可达 15 ℃。1 年中 5—9 月是日均气温 ≥10 ℃ 最集中的时期，这一期间光照和降水也集中，即所谓的"雨热同季"。期间降水量占全年降水量的 70%~80%，日照时数占全年的 45%。

在全球气候变暖的大背景下，科尔沁沙地的年平均气温也在不断攀升（表 1-1），四季温度均表现为上升状态，年平均气温变化倾向率为 0.0409，年均气温最高上升 1.4 ℃，春季和冬季年均升温 1.8 ℃，夏季升温 1.1 ℃，秋季升温 1 ℃。1961—2018 年，科尔沁沙地的平均气温为 6.8 ℃，年平均气温最低值为 4.6 ℃，出现在 1969 年，最高 8.4 ℃，出现在 2007 年。

表 1-1 四季平均气温年季变化 单位：℃

时段	春季	夏季	秋季	冬季	年平均
1961—1970 年	7.4	22.2	6.6	-12.4	6.0
1971—1980 年	7.3	22.2	6.8	-11.9	6.1
1981—1990 年	8.0	22.4	7.0	-11.0	6.6
1991—2000 年	8.4	22.8	7.3	-10.2	7.1
2001—2010 年	8.8	23.0	8.0	-10.3	7.4
2011—2018 年	9.2	23.3	7.6	-10.6	7.4

资料来源：李思慧，2019。

三、降水条件

科尔沁沙地属于半干旱温带大陆性季风气候区,降水量少,年际降水波动性大,年内降水分布不均,夏季温热、降雨集中。年降水量为343~500 mm,降水空间分布为北部少南部多,东部多西部少。年内降水分配极不平均,80%以上集中在夏季及初秋,夏季降水量能达到全年的63%,而春季降水量仅占全年的15%,这也正应了十年九春旱。通过对降水量年际变化分析来看(表1-2),春季平均降水量56.0 mm,波动上升趋势不明显,其中,20世纪80年代降水较多,60年代降水较少。夏季降水量波动最大,呈显著下降趋势,平均降水量为260.3 mm,60年代和90年代为多雨时段。秋季降水量最为平稳,但在2012年出现异常偏大值,达205.7 mm,是秋季平均降水量的3.5倍之多。冬季平均降水量5.8 mm,约占全年总降水量的1.4%,其中1973年出现异常偏低值,仅为0.3 mm。科尔沁沙地全年大气平均湿度为50%~55%;季节变化明显,夏季最大,春季最小。多年平均湿润度在0.3~0.5,干燥系数在1.0~1.8。

表1-2　降水量年际变化　　　　　　　　　　单位:mm

时段	春季	夏季	秋季	冬季	年平均
1961—1970年	45.8	304.4	48.1	5.6	403.9
1971—1980年	51.6	245.8	69.8	6.0	373.2
1981—1990年	69.3	256.9	65.9	5.9	398.0
1991—2000年	55.7	282.6	50.2	5.7	394.2
2001—2010年	53.8	230.3	49.4	4.5	338.0
2011—2018年	61.7	237.6	58.6	7.1	365.0

资料来源:李思慧,2019。

四、风力特点

科尔沁沙地处于中纬度西风带，是西路、西北路及偏北路冷空气流经的地带。冬季受蒙古冷高压控制和阿留申低压两大系统控制，春季两大系统在此角逐，气压系统多变，在干冷气团控制下，冬春两季盛行偏西北或偏北风。夏季为大陆低气压和副热带高压控制，以偏南和西南风为主，并带来湿润空气，在热力、动力作用下形成降水，即一年中的雨季。春秋两季风向变化频繁。

58 年来，科尔沁沙地年平均风速 3.6 m/s，呈明显下降趋势（表 1-3）。20 世纪 60 年代平均风速最大，达 4.1 m/s，70—80 年代在 3.7~3.9 m/s 波动，自 1991 年开始年平均风速呈波动下降趋势，2011 年以来下降至 3.0 m/s。20 世纪 70 年代最大风速保持在 19.2 m/s，为 1971—2018 年来最大值，之后呈波动下降趋势。春季平均最大风速 15.0 m/s，明显高于其他三季，这也是该地区的突出特点之一。

表 1-3 平均风速年际变化 单位：m/s

时段	春季	夏季	秋季	冬季	年平均
1961—1970 年	5.1	3.4	3.7	4.0	4.1
1971—1980 年	4.7	3.2	3.4	3.5	3.7
1981—1990 年	4.6	3.4	3.7	3.7	3.9
1991—2000 年	4.4	3.1	3.5	3.4	3.6
2001—2010 年	4.1	2.9	3.1	3.2	3.3
2011—2018 年	3.6	2.7	2.8	2.9	3.0

资料来源：李思慧，2019。

一年内大风日数平均为 21~80 d，部分地区最多可达 135 d，冬春两季大风频率可占全年的 69%~81%。风力达到 8 级以上（风速>17 m/s）的风称为灾害性大风。科尔沁沙地各季节都可出现 10 级以上的大风。受季节影响，大风的最大风速及风向因季节而异。

春夏两季以西南风常见，秋冬两季以西北风为主。一天之中，以午后出现的大风最为频繁，风速最大。

据研究，对于粒径主要为 0.1~0.25 mm 的干燥沙质地来说，形成风沙流所需风速为 4~5 m/s。科尔沁沙地地表沙物质的粒径主要为 0.01~0.5 mm，春季平均风速在 5 m/s 以上。除夏季外，各月风速>4 m/s 的日数也较多。当起风作用于裸露的地表时即可起动沙粒，形成风沙流，从而造成风沙危害。

第三节　科尔沁沙地的水土条件

科尔沁沙地原处于我国东北地区降水量低值中心和蒸发量高值中心，水资源较为贫乏。地表水主要为西辽河水系。主干河流西辽河呈东西向贯穿全境，向东注入辽河流出区外。主要支流有乌力吉木仁河、西拉木伦河、新开河、老哈河、叫来河、清河等，河道较宽、流域广，是境内地下水重要的补给源之一。当地地表水资源达 7.1×10⁹ m³，加上外来地表水量 19.3×10⁹ m³，地表水总量约为 26.4×10⁹ m³，但外来水量受上游地区用水的控制，实测年平均河流径流量为 22.5×10⁹ m³，其中只有 30%~50% 可被利用。河流径流量的年际变化幅度较大，年内也分布不均，多集中在汛期，旱季径流很少，常出现断流现象。近几十年来，该地区地表水资源明显呈现减少趋势，据西辽河通辽水文站资料，地表水资源较 20 世纪 50 年代降低了 75% 以上。沙地中还有常年或季节性积水的湖、泡 600 多个，蓄水量丰富，大部分水质量较好，在夏秋季节可做农业灌溉和牧业用水源。但近些年来，由于降水减少和不断采集地下水，已有近 50% 的湖、泡已干涸，全区水面面积大幅度减少。

科尔沁沙地处温带半干旱草原地带。地带性土壤主要有暗棕壤、栗钙土和黑垆土；非地带性土壤主要有沙土、草甸土和盐碱土。由于地处温带向暖温带、半湿润向半干旱两种过渡带，自然条件和成土过程表现出复杂多样性。全境风力较强，沙物质丰富，人类活动频繁，土壤风蚀严重，在土壤风蚀及各种活动的作用下，塑造了本地区的风沙环境。本地区的沙土可分为风沙土、生草沙土、草甸沙土、栗钙土型沙土，其中风沙土是科尔沁沙地目前分布面积最大的一类土壤。根据地表的固定状态和植被盖度将风沙土可分为固定风沙土、半固定风沙土和流动风沙土。风沙土主要分布在内蒙古通辽市的库伦旗、科尔沁左翼后旗、科尔沁左翼中旗、开鲁县、奈曼旗、赤峰市的翁牛特旗、敖汉旗北部等。风沙土质地粗、结构差、养分含量低、保水保肥能力弱，不利于植物的生长。尤其是流动风沙土，一般植物难以定植生长，所以，风沙土上植被盖度普遍不高。

第四节 科尔沁沙地动植物组成

根据 2020 年全国草地资源调查结果，通辽及赤峰地区科尔沁沙地有菊科、禾本科、豆科、蔷薇科等 44 个科，175 个属，294 个物种；植物物种总数为 293 种，其中一二年生草本植物 87 种，占总数的 29.7%，灌木、半灌木 20 种，占总数的 6.8%，多年生杂类草种类最多 158 种，占总数的 53.9%，多年生禾草 28 种，占总数的 9.6%；其中 178 种为中生植物，116 种为旱生植物；293 种植物中饲用植物约占 85.3%、有毒植物约占 6.1%、有害植物约占 4.8%、入侵植物 11 种，约占 3.8%。其中入侵植物主要包括虎尾草、北美苋、反枝苋、一年蓬、少花蒺藜草、土荆芥、凹头苋、荠菜、灰绿藜、草木樨、白花草木樨等。

通辽市地处森林和草原的过渡地带，原始景观为榆树疏林草原，以草原植被为主，森林植被居其次。植被类型主要由干旱草原类型及旱生草本植物构成。天然的乔灌木树种有榆、蒙古栎、黑桦、叶底珠、胡枝子、锦鸡儿、山杏、沙柳等；天然草地植物有 112 科、446 属、1169 种。在 1169 种植物中，有饲用价值的 578 种，主要饲用植物 185 种，包括羊草、针茅、隐子草、野谷草、碱草、花苜蓿、差巴嘎蒿等；山地和沙地适宜杨、柳、榆、樟子松、山杏、锦鸡儿和黄柳等乔、灌木生长。野生植物麻黄、甘草、山杏、沙棘等资源品种独特，质地优良。

通辽市有野生动植物 1300 多种。其中陆栖脊椎动物和哺乳动物有 14 目、25 科、33 种；野生禽类有 17 目、40 科、152 种；鱼类有 5 目、11 科、38 种，主要有本地鲤鱼、鲫鱼以及南方的花鲢、白鲢、草鱼、青鱼等。林木昆虫有 7 目、57 科、255 种，天敌昆虫有 9 目、21 科、86 种，天敌蜘蛛和蛛形纲有 8 科、14 属、20 种，啮齿动物有 2 目、8 科、15 属、24 种，蚤类有 1 目、6 科、17 属、33 种。通辽市有国家一级保护动物丹顶鹤、白鹤、鸨、梅花鹿、紫貂 5 种；国家二级保护动物灰鹤、蓑羽鹤、鸳鸯、天鹅、猞猁、马鹿、黄羊等近 30 种。国家级自然保护区大清沟还有环颈雉、斑翅山鹑、野兔、狐狸、斑鸠。

第五节　科尔沁沙地农牧业生产

自清代末期开始，科尔沁沙地的草地面积不断减少，耕地比重日益增大，属于典型的农牧交错区。科尔沁沙地的耕地以种植粮食作物为主，经济作物辅助生产。粮食作物中玉米的种植面积比重 80% 以上，其次是小麦、高粱、大豆和荞麦。在粮食作物面积扩产，畜产品产能扩大，林、渔业稳步发展的推动下，2022 年科尔沁沙地主要区域通辽市第一产业总产值突破 600 亿元。分行业来看，农业产值 384.78 亿元，占比为 61.1%，占比最高，拉动农林牧渔业总产值增长 9.8 个百分点（现价拉动），拉动力最强；畜牧业产值 219.41 亿元，占比 34.8%，拉动农林牧渔业总产值增长 1.9 个百分点（现价拉动）；林业产值 12.02 亿元；渔业产值 2.44 亿元；服务业产值 11.03 亿元。从占比来看，农业和牧业主导地位稳固，合计占比达 96.0%。受农畜产品价格波动影响，种植业产值和畜牧业产值占农林牧渔业总产值的比重有所变化。

截至 2022 年末，科尔沁沙地主要区域通辽市全年农作物总播种面积完成 125.9 万 hm²，其中玉米播种面积 112.78 万 hm²，大豆播种面积 2.84 万 hm²，稻谷播种面积 2.08 万 hm²，高粱播种面积 2.06 万 hm²。通辽市经济作物生产进一步调整，蔬菜播种面积 3.2 万 hm²，蔬菜产量 92.9 万 t，食用菌产量 729.6 t，瓜果播种面积 1917.0 hm²，瓜果产量 97 707.5 t，油料播种面积 34 270 hm²，产量 134 714.2 t，花生播种面积为 29 810 hm²，产量 121 616.7 t，葵花籽面积为 3330 hm²，产量 10 798.8 t，

2022 年通辽市投入资金达 4 亿元。建成万头牛场 5 个、千头牛场 10 个、标准化母牛繁育场 20 个。启动冻精市场及牛冷配清群集中整治专项行动，清理混群公牛 3130 头。新增牛冷配点 318 个，完成牛冷配 125 万头。种植青贮 500 万亩，饲料总产量达到 164 万 t。据农牧业部门统计，截至 2022 年 11 月末，牲畜出栏（牛、羊、猪）861 万头，其中，肉牛出栏 107.8 万头，肉羊出栏 438.1 万只，肉猪出栏 315.1 万只。肉类总产量 58.6 万 t，其中，猪肉产量 27.4 万 t，牛肉产量 21.6 万 t，羊肉产量 8.3 万 t。禽蛋产量 4 万 t，牛奶产量 45.2 万 t。通辽市肉牛、生猪养殖规模及肉类产量位居自治区首位。2022 年通辽市认真落实自治区"奶九条"政策，加快奶业振兴步伐，建设规模化奶牛场 4 个，已全部达到存栏 3000 头以上，补贴饲草料收储 49.42 万 t、开展 DHI 测定性控冻精 1.99 万头、进口良种母牛 0.89 万头、中小牧场升级改造 39 个、奶食品加工标准化试点 8 个。

第二章　间作种植现状

第一节　间作概述

间作是一种具有悠久历史的种植体系，曾在我国传统农业和现代农业中都作出了巨大贡献。它是指在同一块土地上，生育期较近的作物按一定比例分行或分带的种植方式（Whitmore and Schroder, 2007）。这在中国已有上千年的种植历史，目前仍然被广泛应用。我国最早间作记载为公元前 1 世纪《氾胜之书》中的瓜/豆间作；到了公元 6 世纪，在《齐民要术》中对桑树（*Morus alba*）/绿豆间作和桑树/小豆（*Vigna angularis*）间作进行了叙述；在明代以后，麦/豆间作、棉/薯间作已成较为普遍的种植模式。20 世纪 60 年代以来间作面积迅速扩大，并且出现不同的间作组合模式，如粮/粮间作、草/草间作、粮/草间作、林/草间作以及粮/林间作等，其中以粮/粮间作最为普遍（Li et al., 1999）。20 世纪 90 年代，我国耕地面积的 1/3，粮食总产的 1/2 是通过间作套种实现的。几千年来，由于化肥农药的缺乏，我国的劳动人民从实践中总结出不同的作物通过间作或者轮作，能有效减少病虫害，并能一定程度上提高产量及品质，尤其是豆科和非豆科作物间作，不仅可以充分利用地上部的光热资源，还可通过豆科作物的固氮作用给间作的非豆科作物提供氮素营养，但其机理仍不明确。20 世纪 70 年代随着我国人口和粮食压力的不断增加，农业科技工作者在总结农民经验的基础上进行了大量的田间试验，通过优化不同作物之间的搭配，充分利用地上部光热资源，在一熟制地区创造了多种禾本科/豆科作物间作套种的高产种植方式，使单位面积作物产量大幅度增加。

据统计，不同的间作系统中，70%的间作系统都包括豆科作物，豆/禾间作是目前我国农业生产中应用最为广泛的一种多元种植模式。在豆/禾间作系统中，豆科固氮不但可以维持间作系统运转所需的养分，而且可以通过减少氮素的投入降低土壤环境中硝酸盐含量，因此不论是从资源利用方面还是对环境的贡献方面，这种组合都是一个可持续的生态系统。此外，由于禾本科牧草所含的蛋白质含量不能满足家畜的需求，因而多将禾本科牧草与豆科牧草进行间作，这样不但可以充分利用光能、水和 CO_2，提高空间利用率，还可以通过豆科牧草的根瘤菌固定氮素供禾本科牧草利用，提高牧草产量，增加蛋白质含量，改善牧草品质（张德 等，2018）。

目前的豆科/禾本科间作的组合有很多，在农业生产中常见的有：豌豆/玉米（乔寅英和柴强，2017）、大豆/燕麦（冯晓敏 等，2015）、花生/玉米（焦念元 等，2015）、大豆/玉米（赵建华 等，2019）、蚕豆/大麦（肖靖秀 等，2011）、苜蓿/玉米（张桂国 等，2011）、苜蓿/小麦（李冬梅，2015）、箭箬豌豆/燕麦（张小明 等，2018）和豇豆/玉米（叶林春，2010）、玉米/小麦/花生（左元梅，1998）、小麦/菠菜（陈雨海 等，2004）、小麦/蚕豆（肖靖秀 等，2016）。

在草牧业生产中常见的有：燕麦/箭箬豌豆（杨金虎 等，2023）、紫花苜蓿/小黑麦、紫花苜蓿/燕麦、紫花苜蓿/玉米和紫花苜蓿/甜高粱（蔺芳 等，2019）、小黑麦/箭箬豌豆（陈雪 等，2023）、紫花苜蓿/藕草、紫花苜蓿/无芒雀麦、紫花苜蓿/披碱草（杨志超 等，2018）、青贮玉米/饲用油菜（范晓庆 等，2023）、燕麦/毛叶苕子（梁高森 等，2023）、燕麦/蚕豆（何纪桐 等，2023）、紫花苜蓿/3 种豆科牧草 ［毛苕子（Vicia villosa）、箭箬豌豆（Vicia sativa）和豌豆（Pisum sativum）］（孙元伟 等，2019）、青贮玉米/高丹草（王雪萍 等，2022）、红三叶草/豌豆（Cupina et al.，2014）间作。

经济作物生产中常见的有：烤烟/黄花草木樨（刘丽芳 等，2006）、甘蔗/花生（沈雪峰 等，2015）、木薯/花生（唐秀梅 等，2015）、何首乌/穿心莲（刘长征 等，2020）、木薯/甜瓜（孙彬杰 等，2023）、大蒜/蚕豆（Tang et al.，2018）、茶/山胡椒、茶/板栗、茶/柚子、茶/杉树（肖秀丹 等，2023）、棉花/西瓜（王兴云 等，2023）、葡萄/紫罗兰（邓维萍 等，2023）、西瓜/辣椒/水果玉米（王宏勋 等，2023）间作。

国内外文献均说明豆科、禾本科植物间、套、轮作，豆科植物能为禾本科植物提供当季所需氮素营养的 30%~60%，还对后茬作物有利。据 FAO 统计，近 40 年来，美国大豆种植面积增加了 15倍，巴西增加了 37 倍，印度增加了 357 倍。美国种植苜蓿，80%接种根瘤菌；至 1997 年，美国靠豆科植物（苜蓿、大豆、花生）固定的氮已占其农田输氮总量的 1/3。巴西种大豆均不施氮肥，只接种根瘤菌，却可增产 30%，卢旺达用根瘤菌接种豆科作物，增产 40%~60%。豆科与非豆科间作是一种可持续的种植体系，也是增加农田生物多样性的有效措施之一。目前大量研究主要集中在间作群体地上部光热资源的高效利用、生物遗传多样性、减轻病虫害发生、提高土壤质量及种间相互作用提高养分利用效率等方面。在间作体系中，由于豆科作物对土壤无机氮的竞争能力弱于禾本科作物，其固氮效率（固氮量占总氮的比例）往往高于单作。如大麦/豌豆间作，固氮比例从单作的 74% 提高到间作的 92%，蚕豆/大麦间作则使蚕豆固氮比例从单作的 62% 提高到间作的 88%。以上两个过程相当于禾本科作物推动了单作状态的生物固氮平衡，促进豆科/禾本科体系氮的高效利用，最后豆科/禾本科整个体系氮的吸收总量比单作高（王洪预，2020）。

可见，间作种植在农业生产中的重要作用得到了越来越多的关注和重视，这是因为该植模式有许多传统种植方式无法比拟的优点（褚贵新 等，2003；Zhang et al.，2013；房增国，2004）：①间作不仅可提高土地利用率，还能提高对光、热、水、气、土壤养分等资源的利用能力，增强病虫害防治能力，减少病虫害的传播；②间作不仅能降低农药、化肥的投入，降低生产成本，同时间作还具有产量优势，因此间作种植能获得更多的经济效益和生态效益；③间作系统更符合生物多样性的规则，具有更大的生产稳定性，有利于农业的可持续发展；④间作不仅有利于混合收获产物的打包青贮，还有利于养分均衡。例如，间作种植的豆、禾牧草收获后直接进行混合青贮，不仅可达到优良的发酵品质，还能明显提高粗蛋白含量。⑤间作种植在生产中进行大规模推广还需要克服目前技术上的一些难关，用以降低人工劳动成本，比如利于在农业实际操作（收获）中的机械化应用；杀虫剂和除草剂的大面积应用问题，因为适用于间作系统中一种作物的杀虫剂或除草剂并不一定适用于另一种作物。

第二节 禾豆间作产量优势产生的生态学原理

植物多样性共存时就存在对环境资源的竞争。禾本科对豆科资源竞争能力强，但是，一般情况下，这两种作物均能较好生长，存在种间优势，这里面蕴含着丰富的生态学原理。作物多样化生长种间互相作用关系除了会表现出竞争行为以外，还可能会存在互补、合作、补偿、选择等，倾向于维持作物间生长有利关系的行为。因而，禾豆间作体系中不仅存在种间竞争作用，同时存在种间促进作用。权衡禾豆种间促进作用和竞争作用之间的关系对间作产量优势产生至关重要（章伟，2021）。

种间促进作用（Facilitation），是指一个物种的存在促进了相邻的另外一个物种的生长、生存或繁殖的现象，这也意味着一种物种的存在影响了另一个物种的生存环境并且使其向有利方向改变（章伟，2021）。两种作物生长在一起时，种间竞争作用和促进作用总是相伴相生的，当竞争作用大于促进作用时，表现为间作劣势；当竞争作用小于促进作用时表现为间作优势，种间相互作用的

结果决定了间作是否具有间作产量优势（李隆，1999）。根据种间互作对间作作物产量或生长状况之间的影响方向，将种间促进作用划分为不对称种间促进作用和对称种间促进作用（Li et al.，2006）。在紫花苜蓿/青贮玉米间作体系作物共生期间，种间互作导致了产量和养分吸收在青贮玉米一方的优势，在紫花苜蓿一方的劣势。这种种间互作结果被定义为不对称种间促进作用。同样在无芒雀麦与紫花苜蓿间作时，无芒雀麦和紫花苜蓿的生长和养分吸收都增加了，最终间作使紫花苜蓿与无芒雀麦的产量都得到了提高（Li et al.，1999）。在这种情况下，种间互作导致两种间作物种均表现出增产的现象，称为对称种间促进作用（Li et al.，2006）。比如作者团队在研究紫花苜蓿与燕麦、小黑麦、玉米、甜高粱种间竞争关系中发现，紫花苜蓿/小黑麦和紫花苜蓿/燕麦间作模式中，紫花苜蓿的偏土地当量比（PLERa）均小于0.583（间作体系中紫花苜蓿所占面积比例），小黑麦和燕麦的偏土地当量比（PLERg）均大于0.417（间作体系中小黑麦和燕麦所占面积比例）；紫花苜蓿/玉米和紫花苜蓿/甜高粱间作模式中，紫花苜蓿的 PLERa 均小于0.575（间作体系中紫花苜蓿所占面积比例），玉米和甜高粱的 PLERg 均大于0.425（间作体系中玉米和甜高粱所占面积比例），表明在4种间作体系中紫花苜蓿表现出间作劣势，而4种禾本科牧草均表现出间作优势。4种间作模式的土地当量比（LER）为1.001~1.125，均大于1，说明4种间作模式的土地利用率都高于单作，均有高于单作的产量效益。3年试验期间的 LER 值均表现出相似的变化规律，即：紫花苜蓿/小黑麦和紫花苜蓿/燕麦间作模式显著大于紫花苜蓿/玉米和紫花苜蓿/甜高粱间作模式（$P<0.05$）（蔺芳，2019）。

此外，种间促进作用按照植物器官所处的位置，可划分为地上部种间促进作用和地下部种间促进作用。地上部种间促进作用包括一种植物的冠层对相邻植物的遮光、遮风和挡雨等保护作用。地下部植物种间促进作用，包括一种植物通过难溶性养分（大量和微量元素）的活化、生物固氮和提水作用等，有利于相邻植物生长、发育和繁殖。如小麦/玉米间作体系中，在间作小麦产量、N、P吸收增加方面，地下部种间互作都分别贡献了 1/3 和 1/2（Zhang et al.，2001），说明地下部互作对产量提高影响较大。相比小麦/玉米间作体系，玉米/蚕豆间作的地下种间互作（对称种间促进作用）贡献了更多的产量优势（Li et al.，1999）。然而，由于地下部难以像地上部那样易于观察，研究难度较大，关于地下部种间促进作用研究相对于地上部的研究较少。

第三节　豆禾间作氮素利用研究

对于豆禾间作系统氮素的吸收利用，其优势在于通过增加土壤中的有效氮含量和固定氮素向禾本科作物转移，从而减少禾本科作物对化学氮肥的需求量，并提高水分和其他养分利用效率（Willey，1979）；此后，大量研究人员通过豆禾混播试验，均证实了豆科作物与非固氮类作物间作系统的确可产生氮转移，同时发现，豆禾间作也可减缓化学氮肥对豆科作物的"氮阻遏"，促进豆科作物结瘤，增加固氮量，进而提高间作体系的产量及品质。总的来说，"氮转移"和"氮阻遏"减缓是豆禾间作氮素高效利用最重要的两大原因，而这两种现象本质上都是禾本科作物和豆科作物对氮素竞争、互补的结果（柴强 等，2017）。

豆禾间作体系中"氮转移"指豆科作物固定的氮素通过残留物分解、根际沉积等方式向禾本科作物体内转移，氮素转移量占禾本科作物氮吸收量的 2.2%～58%（Giller et al.，1991；Stern，1993）。15N 同位素标记定量研究发现，不同的间作系统中氮素转移量的大致范围为 25～155 kg N/hm^2，氮转移量在固氮产物的 0～73%范围内波动。氮转移数量的巨大差异，说明影响间作系统氮素转移的因素很多，可总结为非生物因素与生物因素。非生物因素包括水分、温度、光照、土壤氮有效性以及施氮等。生物因素包括根系接触、作物种植密度、生育阶段等。重要的是，间作中禾本科作

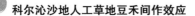

物的根系生长、分布特征和吸收活力等深刻影响豆禾间作系统中豆科作物的生物固氮和固定氮素转移。所以，栽培管理通过影响作物生长进而调控氮素转移，最终使豆科和禾本科作物在间作系统中相互受益（章伟，2021）。

截至目前普遍认为，存在 3 种途径实现"氮转移"，包括：一是禾本科作物直接吸收利用豆科作物根系分泌的 NH_4^+、NO_3^- 以及氨基酸小分子组分（Tomm et al.，1994；Ofosu，1993）。研究表明，固氮植物根系可以分泌氮化合物到根际，这种氮化合物中含有较多的铵态氮，可使土壤溶液的氮浓度增加。同时，一些含有氨基酸的分泌物对根瘤菌的增殖起重要作用，并提高了根际微生物生物量及其活性，土壤营养物质加速活化，且营养物质有效性也增加了。二是"菌丝桥途径"，通过 VA 菌根的菌丝桥，在豆科和禾本科作物浓度势差作用力下，氮素直接扩散至禾本科作物体内（Hamel et al.，1991；1993）。在根际微环境当中，多种微生物广泛侵染寄主植物根系，微生物菌丝体在土壤中扩展而形成群落，当这些菌丝体遇到另外一种植物根系时，这种植物根系被侵染，导致不同植物根系之间通过侵染的菌丝相互联系，侵染的菌丝便起到桥梁的作用，若不同植物根系之间的菌根大量发生联系，通过这种菌丝桥在不同植物根系之间传送营养物质即是可能的。1980—1982 年，Heap、Newman 和 Chiariello 发现了豆科和非豆科作物根系之间细菌外部菌丝体存在联系，并证明了豆科和非豆科作物间氮存在直接转移现象（Heap and Newman，1980；Chiariello et al.，1982）。不久后证实，在豆禾间作系统中，在菌根处理豆科作物及茎移走后，豆科作物根系氮向禾本科作物转移的百分率比之前提高了 15%（Johansen，1996）。三是豆科作物的地下脱落物、细小根系和根瘤死亡后矿化，氮被禾本科作物所吸收利用（Dubach，1994）。研究发现，固氮植物体地上和地下均含较高浓度 N 和较低 C/N 比。当残落物、死亡根、脱落细胞和腐败根瘤腐解时，会累积更多的氮释放到土壤溶液中，主要是由豆科生物固定的氮贡献（王树起，2006）。尤其是豆科牧草，每次刈割均会导致根瘤菌裂解死亡，在豆科根系出现大量 C 和 N 根际沉积，根际形成氮富积，只要禾本科根系生长至氮富集的位置，便能吸收利用土壤中固氮产物遗留氮。尤其是在氮限制的条件下，这种富集表现更为明显（Jensen，1996）。

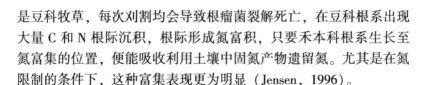

第四节　间作系统产量效应

在间作系统中，由于两种作物种植在同一块土地上，这两种作物既可能发生种间促进作用，同时也可能发生种间竞争作用，包括作物地上部、地下部对资源的竞争。当两种作物之间对地上部分的光和热等资源产生竞争时，如果当时资源和空间的供应不足，便会形成生物之间的负作用效应，竞争的结果是一种作物因排挤掉另外一种作物，产量效应较高；另一种结果是两作物的产量相当而达到平衡。当作物发生促进作用时，即间作系统中的一种作物通过自身的生理生态特性活动改变了周围的局部环境，改变的环境又同时对另外一种作物的生长有利，两种作物产生互利，产量提高。

许多研究表明，间作种植具有明显的产量优势，能提高农田光、水分和养分资源的利用（Wells et al.，2000；李隆 等，1996；李隆等，1999）。间作系统土地利用率的反映形式是土地当量比（LER），它是由 Willy 和 Osira 首先提出的，其原始定义为"The total land area of sole crop required to achieve the same yield as the intercrops"，即为获取与某种植方式单位面积同等产量所需该种植方式中各种作物单作总面积的份额（Ta and Faris，1987；刘玉华和张立峰，2006）。换言之，它是以群体生产能力为依据，是对土地利用率限度的表述，土地当量比是作物种植方式对土地利用率评价的客观、有效方法，应用十分广泛，可以用于评价任何复合种植方式的土地利用效率，尤其是在间作系统的生产力评定时被广泛采用。例如，Mao 等（2012）研究表明不同种植比例下豌豆/玉米间作的土地当量比介于 1.18～1.47，Gao 等（2010）研究发现不同种植方式下大豆/玉米间作的土地当量比分别为 1.71 和 1.65，李隆（1999）研究结果显示大豆/小麦和蚕豆/小麦间作种植具有明显的产量优势，LER 分别达到 1.26 和 1.34。Dhima 等（2007）研究指出豌豆/禾本科（小麦、黑麦和燕麦）间作体系的 LER 为 1.05~1.09，但并非所有的间作组合都具有产量优势，兰玉峰等（2010）发现鹰嘴豆/玉米间作系统的 LER 小于 1（未表现出间作优势），说明要获得间作优势，间作作物种类的选择和组合是非常重要的。

第五节　间作系统光能利用

光能资源是典型的可更新资源，与水、肥等资源相比具有无限性的特点，在一定时间、空间范围内作物的光能利用能力高低对农田生态系统的产量效应具有显著的影响（王自奎 等，2015），因此农业的可持续健康发展必然要建立在提高作物对光能的高效利用上。间套作为提高光能利用率的重要途径，是农业生产中，尤其是粮食作物的生产中应用最多的多元种植技术之一。由于可以发挥作物的共生和互补特性（艾鹏睿 等，2018），因此间作种植具有良好的应用前景并深受国内外学者重视。

一、光能利用率

光能利用率（Light use efficiency，LUE）作为植物光合作用的重要概念，它是指植物通过光合作用将所截获或吸收的能量转化为有机干物质的效率，是表征植物固定太阳能效率的指标（赵育民 等，2007）。目前，在自然条件下种植的作物，其光能利用率普遍较低，只有 0.5%~2.0% 的太阳光能用于光合作用，而低产田作物的光能利用率更低，通常只有 0.1%~0.2%。据测算，光能利用率的理论值可以达到 5%~6%（王自奎 等，2015），说明通过提高光能利用率来增加作物产量的潜力是很大的。间作系统中作物的生育期、株型及生理生态特性的不同，可以形成一个立体的群落结构

（波形或伞形），与单作相比，间作形成的作物复合群体可以增加对光能的截取与吸收，有利于提高光能利用率（任媛媛 等，2015）。

张东升（2018）研究得出，玉米与花生间作形成了较好的透光条件，间作玉米的光能利用率比单作玉米高 5%。Marshall 和 Willey（1983）通过对花生/谷子间作系统的研究表明，间作上层谷子的光能利用率与单作相比无显著差异；相比单作花生，间作花生的光能利用率显著增加。Harris 等（1987）对花生/高粱间作群体的光能利用率研究后发现，与单作相比，间作高粱的光能利用率下降了 20%，但间作花生的光能利用率增加了 20%。Tsubo 和 Walker（2002）研究发现单作和间作玉米的光能利用率无显著差异，而间作大豆的光能利用率显著高于单作。对于花生/玉米间作，Awal 等（2007）发现间作群体的光能利用率是单作花生的 2 倍以上，但略低于单作玉米。

二、冠层结构特征

植物冠层结构特征对冠层截获光合有效辐射的能力及其光合作用强度有显著影响，与产量形成密切相关，通常把 PAR 截获率（FIPAR）、冠层开度（DIFN）、叶面积指数（LAI）和平均叶倾角（MLA）作为植物冠层结构特征的主要指标（李春明 等，2009）。植物冠层 FIPAR 决定着其固定 CO_2 的能力，显著影响植物的干物质积累，LAI 可以用来估算冠层潜在光合生产力与作物干物质积累量，LAI、MLA、FIPAR 和产量的形成呈正相关关系。我们一般认为叶片首先要截获更多的太阳辐射，才能使作物有效利用太阳辐射能、增加干物质产量。间作形成的波形或伞形结构，改变了群体中的田间小气候，避免了单一作物群体上挤下空的叶层分布，为光的透射创造了条件，使间作群体改平面用光为立体用光、改单面受光为多面受光，导致群体光分布和冠层结构出现差异（Liu and Song，2012）。

王心星（2015）通过对大豆/玉米和花生/玉米间作系统的研究发现，在玉米吐丝期时单作玉米的 DIFN 大于间作玉米，单作玉米的 LAI 小于间作玉米。李海（2005）研究指出，苜蓿与青贮玉米及饲用高粱间作，在生育期间提高了青贮玉米及饲用高粱群体中部和基部的透光率和光照强度，从而提高了间作群体光能利用率和生物产量。刘景辉等（2006）对青贮玉米和紫花苜蓿间作效应的研究发现，与单作相比，在收获期间作青贮玉米 LAI 增加了 2.2% ~ 19.6%。Daren 等（1999）研究发现，与高粱间作的大豆 LAI 有所降低。陈光荣等（2015）研究发现，在大豆/马铃薯套作群体下，套作大豆前期较为矮小，由于受到马铃薯遮阳的影响，大豆处于受光劣势，LAI 显著降低，随着生育期的推进，套作大豆受光条件逐渐改善，尤其是马铃薯收获后，套作大豆 LAI 与单作的差异逐渐缩小。

三、光合气体交换参数

光合作用是决定作物产量的重要因素，净光合速率（P_n）、蒸腾速率（T_r）、气孔导度（G_s）和胞间 CO_2 浓度（C_i）等光合气体交换参数则是表示植物光合能力的常用指标。间作复合系统中，高秆作物和矮秆作物产生相互遮阳作用，群体内的小气候发生改变，作物接收光合有效辐射的不同会影响光合作用，导致产量差异。大豆/玉米间作系统中，间作增加了玉米的光合能力，P_n、T_r 和 G_s 都有所提高，但 C_i 降低（张建华等，2006）。吴正锋等（2010）研究发现，花生/玉米间作降低了花生弱光条件下的 P_n 和 G_s。焦念元等（2016）在对玉米与花生进行间作时发现，间作玉米产量显著高于单作，间作玉米产量优势主要来源于其生育后期 P_n 的提高。刘景辉等（2006）对紫花苜蓿/不同青贮玉米间作系统的研究表明，间作群体充分利用了不同层次的光、热能源，P_n 的提高主要源自群体受光面积的增加。陈光荣等（2015）研究发现套作大豆 P_n、T_r 和 G_s 均低于单作。崔亮等（2014）研究认为，与单作相比，间作大豆由于光照不足导致光合指标下降，干物质积累减少，单株粒数和单株粒重显著下降。闫庆祥等（2017）研究发现，与大豆间作，能提高木薯叶片光合作用，其中 T4 处理（每 2 行木薯间作 2 行大豆）的 P_n 和 G_s 较木薯单作的最大增幅分别为 11.4% 和 20.5%。

第六节　土壤特性

　　间作可以改善土壤营养状况。王晓军（2011）研究发现，不同豆科作物和小麦套种 3 年后，毛叶苕子对土壤有机质和速效氮、磷、钾的增加最明显。章家恩等（2009）对花生/玉米间作体系的研究发现，与花生单作相比，间作花生土壤碱解氮含量有较大幅度的增加，可能是由于在间作条件下，玉米根区对花生根区氮素的转移与利用，刺激和促进了花生根系的固氮效应。陈玉香（2003）和刘景辉等（2006）研究指出，苜蓿/玉米间作不仅能够改善土壤理化性质，包括增加土壤有机质含量，提高氮、磷、钾含量，降低土壤容重等，还能够增加土地单位面积产值，提高土地利用率，缓解农牧交错区的草畜矛盾问题。

　　大量研究表明间作可使土壤物理特性得到改善，包括增加孔隙度、降低容重，增强土壤水分的入渗能力和持水能力等。有研究指出，茶园间作牧草后，与清耕相比其土壤结构和物理性状得到了明显改善，土壤容重下降，持水性增强，团聚体数量增加（宋同清等，2006）。土壤水稳性团聚体是土壤抗水力分散的团聚体。关于土壤团聚体研究很多，主要包括土壤团聚体形成过程和不同土地利用方式下团聚体含量变化。杨长明等（2006）研究认为，与传统的小麦–玉米轮作方式相比，苜蓿/果树间作提高了 ≥0.25 mm 水稳性大团聚体含量，原因可能是间作下苜蓿向土壤中带入更多有机物质，成为团聚过程中的重要胶结物质。王英俊等（2013）研究发现，苹果园间作白三叶（7 年）以后改变了土壤团聚体有机碳含

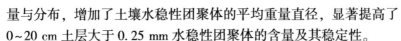
量与分布，增加了土壤水稳性团聚体的平均重量直径，显著提高了 0~20 cm 土层大于 0.25 mm 水稳性团聚体的含量及其稳定性。

　　间作可以促进土壤微生物多样性。土壤微生物既是土壤形成的作用者，又是土壤生态系统的重要组成部分，对腐殖质形成、有机质分解、土壤养分循环和转化发挥着关键的作用（Kirk et al.，2004）。微生物能将植物残体等有机养分转化成无机养分，为植物吸收利用矿质元素提供原材料，这种植物-微生物的相互作用保证了自然界中物质循环的生态功能。土壤微生物的群落组成、数量以及功能多样性等群落特征的变化能敏感地反映出土壤的质量（李东坡 等，2005）。间作可显著提高玉米/蚕豆、玉米/鹰嘴豆根际微生物数量，其数量提升是通过细菌大量增生而来。而玉米/大豆间作根际土壤真菌和细菌数量均显著提高，但放线菌数量下降，同时，间作复合群体中大豆根际土壤细菌是单作的 4 倍，而玉米根际土壤细菌是单作的 2 倍，这种微生物群落结构大大加速了氮素的转化，进而提高氮素的利用率。此外，花生/玉米、小麦/玉米/大豆、小麦/蚕豆间作均显著提高了根际土壤微生物细菌、真菌、放线菌和微生物总量。此外，间作种植改变了土壤微生物群落结构，其根系分泌物促进了根际土壤中丛植菌根和革兰氏阳性菌的积累，进而微生物数量相应增加。

第七节　间作中的养分竞争

　　过去研究者认为，间作优势主要是通过地上互作对光照的竞争及利用而形成的，而对地下互作对养分的竞争及利用研究较少，直到 20 世纪末，研究者们开始对间作中根系对养分的竞争和利用产生兴趣。根系间的竞争包括植株个体自身根系的竞争以及不同个体根系间（同种或异种）的竞争，并通过掠夺式和干扰式两种竞争形式来争夺土壤资源。掠夺式竞争主要指根系通过直接与土壤接触并吸收和争夺有限的资源；干扰性竞争则是通过根系分泌物对个体根系吸收具有的抑制作用。作物根系吸收养分主要是通过根截获、质流以及扩散来完成。氮素几乎全部以质流形式进行运输，这容易造成氮耗竭区的重叠交错而形成竞争；磷素和钾素的扩散和迁移速度较慢，因而根系的广泛分布对磷素和钾素的吸收则显得尤为重要。同时，根系不断吸收土壤中的养分，会造成土壤中出现养分浓度梯度，进而使质流和扩散能够不断地进行。豆/禾间作中是否存在营养元素的竞争，在 20 世纪后期引起了众多研究者的关注（Van and Christopher，2000），并通过一系列研究证实了间作作物中确实存在营养元素的竞争。有研究表明，在一定条件下间作作物种间根系互作对土壤养分的竞争作用比地上部对光能的竞争作用更为重要（Guillaume et al.，2011）。

　　大量的研究表明，合理间作能够显著地改善作物的矿质营养，从而促进作物的生长，这是由于不同物种间对营养元素的竞争和利用能力不同。在豆/禾间作中，不同作物对氮素的竞争以及对豆科作物氮素的固定具有促进作用。研究表明，间作的豆科作物可产生直接或间接的氮素转移供给禾本科作物，而禾本科作物可以减缓氮素对豆科作物的"氮阻遏"现象（Guillaume et al.，2011），从而增加豆科作物的固氮量；同时，不同作物对氮素的吸收能力具有明显的差异性，因此，禾/豆间作可以显著地提高间作群体对氮素的吸收和利用。肖焱波（2003）证实小麦与蚕豆和大豆间作时，小麦对氮素的竞争强于蚕豆和大豆；房增国（2004）也证明了间作中蚕豆对氮素的竞争力弱于玉米。Van 等（2011）利用 15N 土壤富集法对大豆和玉米在不同分根方式下进行研究，从而证明了从大豆向玉米发生了"氮转移"；Ledgard（1985）通过 15N 叶片喂饲法对氮素转移进行了定量研究，结果表明三叶草（*Trifolium repens*）中有 2.2% 的氮素向黑麦草（*Lolium perenne*）发生了直接转移。在菜豆/玉米间作中，间作玉米中 20%～30% 的氮含量中来自菜豆，并占菜豆固氮量的 10%～15%（肖焱波，2005）。同时，在豆/禾间作时，可以显著改善作物的氮营养。Eaglesham 等（1981）的研究表明在豇豆（*Vigna unguiculata*）/玉米间作时，玉米植株体内的氮素浓度和氮素积累量均显著高于单作玉米，这说明玉米与豇豆间作时，氮素的吸收和利用因种间互作而有了较大的改善。花生/水稻间作中，间作水稻在胁迫氮水平下对氮素的吸收显著高于其单作（褚贵新，2004）。在其他一些研究中，如大麦/豌豆（Izaurralde et al.，1992）、大豆/高粱（Fujita，1900）、甜豆（*Pisum sativum*）/小麦间作（Bulson et al.，1997）等也发现通过间作可以显著改善禾本科作物的氮素营养。但也有研究表明，在与豆科作物间作中，并没有促进非豆科作物的氮素吸收，如甘蔗/大豆间作中，甘蔗的氮素累积量无显著变化，这可能是由于间作中的种植密度造成的，但间作下作物的氮素吸收量相比单作模式有一定的增加（Yang et al.，2013）。

磷素的转移也普遍存在于间作中，如小麦/蚕豆间作中的根系互作促进了磷素由蚕豆向小麦的转移，并提高了群体磷素的吸收利用效率（Li et al.，2016）。同时，豆/禾间作也可以显著改善间作中作物的磷营养（Li et al.，2013），这是由于豆科作物相对于禾本科作物具有更强的质子释放能力，能够显著地酸化根际，而有利于难溶性土壤磷的活化和吸收，进而提高作物的磷含量（张红刚，2006）。间作能促进整个生长体系对土壤中磷素的挖掘和利用。小麦和鹰嘴豆间作时，小麦通过碱化土壤能够促进间作鹰嘴豆磷素吸收和生长（Betencourt et al.，2012）。Mei 等（2012）研究表明，在中国西北荒漠土壤上进行玉米/蚕豆间作能够提高磷素的利用效率，间作系统磷素的回收率比单作系统增加了 297%。Xia 等（2013）研究表明，间作能够提高土壤中难溶性磷的利用。在玉米/蚕豆（李隆，1999）、玉米/大豆（刘均霞，2007）、玉米/鹰嘴豆（*Cicer arietinum*）（李淑敏，2004）、小麦/蚕豆（Li et al.，2016）等间作模式中，间作对磷的吸收均具有明显的促进作用。

除氮素和磷素的竞争存在于间作中外，其他营养元素通过根系互作也存在相互的竞争和转移。青葱（*Allium fistulosum*）/黄瓜

（*Cucumis sativus*）间作能够显著提高黄瓜植株内的钾含量和土壤中的速效钾含量（Xiao et al.，2013）；花生/玉米（Inal et al.，2007）、落花生（*Arachis hypogaea*）/甘薯（*Dioscorea esculenta*）（Ossom et al.，2009）、小米（*Setaria italica*）/木豆（*Albizia procera*）（Neto et al.，2012）等间作都改善了钾营养。同时，豆/禾间作还可显著改善花生铁营养（郭桂英，2006），花生/玉米、花生/大麦（*Hordeum vulgare*）、花生/燕麦、花生/小麦、花生/高粱等间作均能提高花生体内的铁含量（左元梅，2004）同时，萝卜（*Raphanus sativus*）/玉米间作可以提高玉米地上部铁、锰、铜、锌等微量元素的含量（Xia et al.，2013）；鹰嘴豆/小麦间作可以提高种子的铁锌含量（Zuo，2009）；豆（*Phaseolus vulgaris*）/玉米间作可以增加玉米体内铁、锰含量（Glowacka，2013）。目前，有关间作效应的研究主要是集中在以收获籽粒为生产目标的粮食作物上，对以收获营养体为目标的牧草研究得较少，而牧草作为畜牧业的重要生产资料，在间作模式下其生产效率、光能及土地养分利用状况等方面具有重要的研究价值。

第三章　苜蓿-禾草混播组合生产性能研究

在牧草混播中，各个混播成分间的相互关系除了表现在各个种的生物学特性上，也在一定程度上表现在种的个体数量上，只有找到最适合的混播比例，才能得到最高的产量。而适宜的豆科与禾本科牧草混播组合受地域和土壤条件影响较大，即由于各地气候和土壤的不同，适宜的豆科-禾本科牧草混播组合方案各异。例如，在土耳其 Isparta 地区苜蓿与无芒雀麦、鸭茅和草地羊茅 2 组分和 3 组分按 1：3 豆科和 2：3 禾本科间行混播试验结果表明，苜蓿+无芒雀麦、苜蓿+鸭茅、苜蓿+草地羊茅 2 组分混播均是适宜的混播组合，在每年 3 次刈割中 2 组分草地产草量均高于 3 组分混播草地（Albayrak and Mevlüt，2013）。在新疆伊犁地区采用红豆草、紫花苜蓿、红三叶、鸭茅、无芒雀麦和猫尾草 6 种豆禾牧草混播试验，结果表明，6 种豆禾牧草混播以豆禾比 5：5、4：6 和 3：7 混播种间相容性、群落稳定性及产量均较高，适宜长期持续利用（郑伟 等，2012）。在黑龙江哈尔滨地区用龙牧 801 紫花苜蓿分别与无芒雀麦、扁穗冰草进行混播效果研究，结果表明，33%苜蓿+67%无芒雀麦的混播组合可明显提高干草产量和经济效益（吴姝菊，2010）。在东北绥化地区无芒雀麦 20%+苜蓿 80%混播是研究区建立高产优质多年生混播人工草地较为理想的组合（陈积山 等，2013）。而在内蒙古中部地区紫花苜蓿与无芒雀麦 2：1 混播产量最高（鲁富宽 等，2014）。在内蒙古多伦县农牧交错区旱作条件下 2 行苜蓿+1 行冰草、2 行苜蓿+2 行冰草的混播处理更有利于维持混播草地的稳定性（王丹等，2014）。混播群落种间竞争互作效应直接影响着群落的走向和稳定性，我国对此开展了许多理论上的探索和研究（王平 等，2009；万里强 等，2011；张瑜 等，2016；谢开云 等，2013）。研究表明，在苜蓿+无芒雀麦混播群落中，光资源竞争是种间竞争的关键，温度对种间竞争有明显影响，夏季较高的温度减弱了无芒雀麦的竞争力，增强了苜蓿的竞争力；夏季是混播草地中无芒雀麦种群衰退的关键时期。说明不同混播种类和混播比例组合主要通过光资源竞争改变种间竞争关系，而温度对豆禾混播牧草种间竞争关系也有明显影响（张永亮 等，2007）。在大麦与长柔毛野豌豆、草豌豆按禾豆比为 75：25、50：50 和 25：75 进行间行混播试验中，在相同混播比例下豆科牧草竞争力大于大麦，而在其他比例下大麦比豆科牧草的竞争力更强，混播草地的实际产量损失值均为正值，表明混播比单播更有利（Abdollah et al.，2014）。关于豆禾混播草地产草量变化动态已有较多报道（Bélanger et al.，2014；Biligetu et al.，2014；Sturludóttir et al.，2014），但结论不完全一致。苜蓿与冰草、草地雀麦等 8 种禾本科牧草 2 组分混播产量均高于单播产量（Biligetu et al.，2014）。在旱作条件下，苜蓿与冰草混播建植第三年，各种混播处理的干草总产量均显著高于单播，且 1 行苜蓿+2 行冰草处理的干草总产量显著高于其他混播处理（王丹 等，2016）。在加拿大Saskatchewan 地区采用 8 种多年生禾草与紫花苜蓿进行单播与混播，草地播种当年所有单播禾草产量与混播产量差异不明显，以后 2~4 年单播苜蓿草地、苜蓿与禾草混播草地产量高于所有单播禾草产量，苜蓿与禾草混播草地产量接近于单播苜蓿草地产量（Foster et al.，2014）。在苜蓿与禾草混播草地中，地上生物量受生长季气温、降水和施肥量的影响，因此地上和地下生物量的分配随季节而变化（Rajan et al.，2014）。

第一节 试验设计及试验方法

一、试验设计

(一) 试验地概况

试验地设在内蒙古民族大学农牧业科技示范园区，距离通辽市区 30 km，试验点在北纬 43°19′~43°55′、东经 120°55′~122°55′，海拔 182 m，属于温带大陆性气候，年平均气温 6.3 ℃，极端最低温-31.1 ℃。无霜冻期 130~160 d；年均降水量 360~480 mm，降水主要集中在 5—8 月，生长季降水量占全年降水量的 89%；土壤为科尔沁沙地分布最广的风沙土，土壤有机质含量 6.86 g/kg，速效钾 58.7 mg/kg，速效磷 11.26 mg/kg，碱解氮 18.2 mg/kg，pH 值为 8.5。

(二) 供试材料

1. 公农 1 号苜蓿 (*Medicago sativa. cv.* Gongnong. No. 1)

公农 1 号紫花苜蓿是吉林省农业科学院用从美国引进的"格林"杂花苜蓿，在吉林省公主岭地区经 30 多年的风土驯化和自然淘汰后选育而成。育成后又经过多次复壮、鉴定，不断提高品种的整齐度和耐寒耐旱、高产稳产等优良性能。1987 年 5 月通过国家牧草品种审定委员会审定，品种登记号为 004 号 (于洪柱 等，2010)。公农 1 号呈半直立型，叶量大，再生性好，病虫害少而轻，适应性广，产草最高。苗期抗倒伏能力强，抗病虫能力也很突出，对于细菌性萎蔫、根腐病、苜蓿蚜虫等病虫都具有高抗特性，为直立改良型。根系发达，根瘤比较多，还具有改良土壤的功效，分枝多，覆盖能力强，耐刈割，每年可以收割到 3~4 次。抗寒能力极强，可以在无雪覆盖-40~-35 ℃安全过冬。公农 1 号含有促生长因子、固氮改土、保持水土，能够改善生态环境等特点、经济效益高、生态效益好。

2. 无芒雀麦（*Bromus inermis*）

无芒雀麦"卡尔顿"于 1982 年由山西省牧草工作站从加拿大引进，1990 年山西省牧草工作站和山西省畜牧兽医研究所申报登记品种。无芒雀麦须根，根入土较深，有短根茎；多分布在距地表 10 cm 的土层，易结成草皮。茎直立，疏丛生，高 50~120 cm。无芒雀麦春播当年可收 1 次干草，第 2 年可收 2~3 茬。抽穗期到开花期刈割，干草产量 300~400 kg/亩，草质柔嫩，营养价值高。幼嫩植株营养价值不亚于豆科牧草。适口性好，一年四季为各种家畜所喜食。无芒雀麦是优质青贮原料，在孕穗至结实期刈割可调制成优质的青贮饲料，与豆科牧草混贮品质更好。因其耐寒旱，耐放牧，也是建立人工草场和防风固沙的主要草种，适宜用于建立高产集约化饲草生产基地。无芒雀麦一般以生长第 2~7 年生产力较高。在精细管理下可维持 10 年左右的稳定高产。在适宜的生境条件下，播后 10~12 d 即可出苗，35~40 d 开始分蘖。播种当年大部分处于营养生长状态，仅个别分枝抽穗开花。第 2 年返青后 50~60 d 即可抽穗开花，花期持续 15~20 d。无芒雀麦耐寒性强，幼苗能忍受 −5~−3 ℃ 的霜寒，植株长成后，冬季最低气温在 −45 ℃ 地方可安全越冬，耐旱性与紫花苜蓿相似，耐湿性也好，可耐水淹 50 d，对土壤选择不严，从黏土到砂土均可种植，在盐碱土和酸性土壤中表现较差，不耐强碱或强酸性土壤。

3. 垂穗披碱草（*Elymus nutans*）

垂穗披碱草茎秆直立，基部稍呈膝曲状，高 50~70 cm。叶量较少，营养枝条较多，饲用价值中等偏上。抗旱性较强，不耐水淹，耐寒性强，耐瘠薄，喜欢湿润和排水良好的土壤。垂穗披碱草苗期生长缓慢，注意消灭杂草，有条件的地方可在拔节期灌水 1~2 次。生长 2~4 年的产量较高，第 5 年后产量开始下降，因此从第 4 年开始要进行松土、切根和补播，可延长草场使用年限。垂穗披碱草植株生长茂盛，粗蛋白质含量高、适口性好，广泛应用于高寒退化草场的改良和人工草地的建设。垂穗披碱草叶量较少，营养枝条较多，饲用价值中等偏上。分蘖期各种家畜均喜采食；抽穗期至始花期收割调制成青干草，马、牛、羊等家畜均喜食；开花后与豆科牧草混播，能获得理想而持久的人工草地。再生能力强，适合作为放牧利用。

4. 通草1号虉草（*Phalaris arundinacea*）

通草1号虉草采用当地野生虉草为原始材料，通过多年田间选育、品种比较试验和耐盐碱性试验，选育出了抗碱盐虉草新品种。2013年通过了内蒙古自治区草品种审定委员会审定，登记为育成新品种——通草1号虉草（品种登记号：N015）。通草1号虉草分蘖多，叶量丰富，株高120~194 cm，生长第2年草产量和种子产量最高，第3年草产量和种子产量开始下降。通草1号虉草植株高大，再生性强，一年可刈割2~3次；播种第2年饲草产量最高，干草产量可达到15 700 kg/hm²。通草1号虉草营养价值高，抽穗期鲜干比4.23，茎叶比2.3；抽穗期各成分占干物质的百分比：粗蛋白15.48%、粗脂肪5.20%、无氮浸出物28.94%、粗纤维25.90%、粗灰分8.25%、酸性洗涤纤维38.11%、中性洗涤纤维52.17%、总能含量17.39 MJ/kg、钙1.32%、磷0.38%。

（三）小区试验设计

试验材料选用在科尔沁地区越冬率较高的牧草品种。苜蓿品种选用公农1号苜蓿 *Medicago sativa*；禾本科牧草选用无芒雀麦 *Bromus inermis*（A1）、披碱草 *Elymus nutans*（A2）和通草1号虉草 *Phalaris arundinacea*（A3）。苜蓿-禾草采用2组分间行条混播。苜蓿单播量15 kg/hm²，无芒雀麦和披碱草单播量30 kg/hm²，虉草单播量15 kg/hm²。播种后用齿耙覆土并踩压，采用喷灌方式进行灌溉。

试验采用单因素随机区组设计，苜蓿与禾草间行混播比例为1∶1（B1）、2∶2（B2）、1∶2（B3）和2∶1（B4）4个处理，对应苜蓿与禾草按各自单播量比例组合成豆禾混播比50∶50、50∶50、33∶67和67∶33。苜蓿与禾草组合有：苜蓿+无芒雀麦、苜蓿+通草1号鼢草、苜蓿+披碱草3种组合，共计12个混播处理。采用随机区组设计，小区面积 4 m×5 m＝20 m²，行距30 cm，3次重复。各处理施肥量相同，氮肥 N 150 kg/hm²，磷肥 P_2O_5 150 kg/hm²，钾肥 K_2O 50 kg/hm²。播种时磷肥全部施入，氮、钾肥各施50%，另外一半在禾草分蘖期追施。从第2年起分3次施肥，春季返青期施入设计总量的50%，第1茬刈割后施20%，第2茬刈割后施30%。年刈割3次，第1茬在苜蓿初花期刈割，第2茬在苜蓿盛花期刈割，第3茬在9月中旬刈割，留茬高度5 cm。

表3-1　试验编号及处理

试验处理代号	草种组合	豆禾间隔比例	播种量/（kg/hm²）	
			苜蓿	禾草
A1B1	苜蓿+无芒雀麦	1:1	7.5	15
A1B2	苜蓿+无芒雀麦	2:2	7.5	15
A1B3	苜蓿+无芒雀麦	1:2	4.95	20.1
A1B4	苜蓿+无芒雀麦	2:1	10.05	9.9
A2B1	苜蓿+披碱草	1:1	7.5	15
A2B2	苜蓿+披碱草	2:2	7.5	15
A2B3	苜蓿+披碱草	1:2	4.95	20.1
A2B4	苜蓿+披碱草	2:1	10.05	9.9
A3B1	苜蓿+鼢草	1:1	7.5	7.5
A3B2	苜蓿+鼢草	2:2	7.5	7.5
A3B3	苜蓿+鼢草	1:2	4.95	10.05
A3B4	苜蓿+鼢草	2:1	10.05	9.9

二、测定项目与方法

(一) 植株高度测定

从地面量至叶尖或花序顶部的高度为植株高度（简称株高），测量时拉直测量（伸展高度）。株高测定采用随机测量法，每次刈割前，每小区各测量 10 株，3 次重复，共测定 30 株。

(二) 产草量测定

第 1 茬在苜蓿初花期刈割，第 2 茬在苜蓿盛花期刈割，第 3 茬在初霜后（10 月 14 日）刈割，测产面积根据混播组合确定，即：1:1、2:2 组合每小区测定 1 m 长 4 行，1:2 和 2:1 组合每小区测定 1 m 长 3 行，留茬 5 cm，禾豆分种剪割后称鲜重，再取 200~500 g 鲜样带回实验室 105 ℃ 杀青 30 min，75 ℃ 烘干后称重，根据干鲜比和小区面积计算产草量。

(三) 茎叶比测定

测产草量的同时取代表性草样 200 g 以上，将茎、叶分开，烘干后称重，计算占总量的百分比。花序算为茎的部分，无芒雀麦的茎包括叶鞘。

(四) 草层高度

每次小区刈割测产前，采用随机取样方法测定小区植株自然高度，每个小区随机测定 10 次，计算平均值。

(五) 生长速度

生长速度为每次刈割间隔的天数内的平均增长高度。植物返青和刈割之后，每 10 d 随机选取 10 株测量高度，计算生长速度。

第二节　苜蓿-禾草混播组合配置对混播草地产量构成因子的影响

一、苜蓿-禾草混播方式对混播组分株高的影响

株高体现了植物的向上生长速度，这不但与植物本身特性有关，也与其所处的环境有关。如表 3-2 所示，3 种禾草处理下，头茬 A1 处理的禾草株高较 A2 高 17.78%，较 A3 处理高 8.38%，A1 处理的禾草株高极显著（$P<0.01$，下同）高于 A2 和显著高于（$P<0.05$，下同）A3 处理，头茬 A3 处理的苜蓿株高较 A1 高 8.13%，显著高于 A1 处理；二茬 A3 处理的禾草株高较 A2 高 41.36%，较 A1 处理高 19.32%，A3 处理的禾草株高极显著高于 A1 和 A2 处理，二茬 3 个处理的苜蓿株高之间无显著差异（$P>0.05$，下同）；三茬 A1 处理的禾草株高较 A2 高 46.73%，A1 处理的禾草株高极显著高于 A2 和 A3 处理，三茬苜蓿株高在 3 个处理下无显著差异。由此可见，禾草种类对不同禾草株高的影响较大，对苜蓿株高的影响较小。

表 3-2　禾草种类对混播组分株高的影响　　　　单位：cm

混播组分	禾草种类	头茬	二茬	三茬
禾草	A1	94.39±10.58aA	49.70±8.35bB	68.29±11.37aA
	A2	80.14±12.82cB	41.95±6.42cC	46.54±14.26bB
	A3	87.09±14.62bAB	59.30±9.29aA	52.19±9.11bB
苜蓿	A1	82.82±11.97bA	82.95±9.55aA	79.81±9.52aA
	A2	84.34±7.94abA	86.69±5.50aA	79.04±8.95aA
	A3	89.55±7.03aA	81.22±10.99aA	82.99±12.43aA

注：表中数据为平均值±标准差，同列不同小写字母表示不同处理间差异显著（$P<0.05$），同列不同大写字母表示不同处理间差异极显著（$P<0.01$），下同。

混播比例影响各草种所处的群落分布环境，进而影响其生长状态。不同混播比例处理下，头茬 B1 处理禾草株高处理显著高于 B3 处理，与 B4 和 B2 处理无显著差异（表3-3）；头茬 B1 和 B4 处理苜蓿株高显著高于 B3 处理，与 B2 处理无显著差异。不同混播比例对二茬草和三茬草的株高影响差异不显著。这可能与 3 种禾草的返青时间不同有关，刈割后重新萌发，生长同步进行，株高差异不显著。

表 3-3　混播比例对混播组分株高的影响　　单位：cm

混播组分	混播比例	头茬	二茬	三茬
禾草	B1	93.41±10.58aA	49.04±7.50aA	56.89±17.19aA
	B2	85.96±14.07abA	51.44±13.15aA	57.52±15.30aA
	B3	81.60±13.84bA	49.74±13.16aA	53.14±11.76aA
	B4	87.87±15.62abA	51.03±9.54aA	55.14±16.52aA
苜蓿	B1	88.60±8.87aA	81.80±12.24aA	80.48±8.84aA
	B2	85.02±6.64abA	84.78±5.31aA	80.96±7.91aA
	B3	80.77±12.82bA	82.74±10.96aA	78.01±11.88aA
	B4	87.90±7.69aA	85.16±7.07aA	83.01±12.81aA

不同混播组合处理下，头茬 A1B1、A1B2 和 A1B4 处理禾草株高显著高于 A2B2 和 A2B3 处理，与其他处理间无显著差异（表3-4），其中 A1B1 处理株高最高，较株高最小的 A2B3 处理高 35.99%；头茬 A3B1 处理苜蓿株高显著高于 A2B2 和 A1B3 处理，与其他处理间无显著差异，其中 A3B1 处理株高最高，较株高最小的 A1B3 处理高 32.11%。二茬 A3B3 和 A3B2 处理禾草株高极显著高于 A2B1、A2B2、A2B3 和 A2B4 处理，与 A3B4 处理间无显著差异；二茬各处理间苜蓿株高无显著差异。三茬 A1B2 处理禾草株高显著高于 A2B1、A2B2、A2B3、A2B4、A3B1 和 A3B2 处理，与其他处理无显著差异；三茬各处理苜蓿株高无显著差异。

表3-4 混播组合对混播组分株高的影响　　单位：cm

混播组分	混播组合	头茬	二茬	三茬
禾草	A1B1	98.73±9.90aA	50.60±9.57bcABC	70.50±13.67abAB
	A1B2	96.43±7.87aA	52.53±5.75bcABC	73.43±8.47aA
	A1B3	85.27±13.05abcAB	43.70±11.45bcdBC	58.60±14.15abcABC
	A1B4	97.13±10.77aA	51.97±7.30bcABC	70.63±7.47bAB
	A2B1	88.73±4.30abcAB	45.47±4.63bcdBC	54.43±19.79bcdABC
	A2B2	76.40±13.46bcAB	36.73±1.14cdBC	49.33±17.16cdABC
	A2B3	72.60±18.92cB	40.57±3.29dC	43.43±11.66cdC
	A2B4	82.83±10.89abcAB	45.03±10.80bcdBC	38.97±9.54dC
	A3B1	92.77±15.99abAB	51.07±9.12bcABC	45.73±11.36cdBC
	A3B2	85.03±15.70abcAB	65.07±7.27aA	49.80±0.89cdABC
	A3B3	86.93±7.30abcAB	64.97±4.75aA	57.40±1.87abcdABC
	A3B4	83.63±23.41abcAB	56.10±10.03abAB	55.83±13.85abcdABC
苜蓿	A1B1	87.90±6.78abAB	83.60±6.82aA	83.13±8.32aA
	A1B2	84.87±5.30abAB	87.83±4.45aA	80.50±4.10aA
	A1B3	71.40±19.16cB	75.90±16.41aA	73.43±11.76aA
	A1B4	87.13±8.87abAB	84.47±7.20aA	82.17±13.68aA
	A2B1	83.57±13.09abAB	88.17±7.69aA	80.07±1.65aA
	A2B2	79.10±5.34bcAB	84.40±4.36aA	76.87±11.69aA
	A2B3	84.60±7.22abAB	84.67±7.07aA	74.20±0.79aA
	A2B4	90.10±1.64abA	89.53±2.97aA	85.03±14.26aA
	A3B1	94.33±3.02aA	73.63±18.10aA	78.23±14.92aA
	A3B2	91.10±3.42abA	82.10±6.99A	85.50±6.37aA
	A3B3	86.30±6.25abAB	87.67±6.99aA	86.40±16.34aA
	A3B4	86.47±12.00abAB	81.47±9.45aA	81.83±16.02aA

二、苜蓿-禾草混播方式对混播组分生长速度的影响

3 种禾草处理下（表 3-5），头茬 A1 处理的禾草生长速度较 A2 处理高 17.3%，较 A3 处理高 8.7%，A1 处理的禾草生长速度极显著高于 A2 处理和显著高于 A3 处理，头茬 A3 处理的苜蓿生长速度较 A1 处理高 8.04%，显著高于 A1 处理；二茬 A3 处理的禾草生长速度较 A2 处理高 31.4%，较 A1 处理高 19.2%，3 个处理间差异极显著，二茬 3 个处理的苜蓿株高之间无显著差异；三茬 A1 处理的禾草株高较 A2 处理高 32.2%，极显著高于 A2 和 A3 处理，三茬苜蓿株高在 3 个处理下无显著差异。由此可见，禾草种类对不同禾草生长速度的影响较大，对苜蓿生长速度的影响较小。

表 3-5　禾草种类对混播组分生长速度的影响　　　单位：cm/d

混播组分	禾草种类	头茬	二茬	三茬
禾草	A1	2.24±0.25aA	1.51±0.05bB	1.19±0.21aA
	A2	1.91±0.08bB	1.37±0.19cC	0.90±0.27bB
	A3	2.06±0.05bAB	1.80±0.08aA	0.98±0.17bB
苜蓿	A1	1.99±0.09bA	2.59±0.09aA	1.55±0.18aA
	A2	2.01±0.19abA	2.67±0.17aA	1.54±0.17aA
	A3	2.15±0.17aA	2.58±0.03aA	1.62±0.23aA

不同混播比例处理下，头茬 B1 处理禾草生长速度显著高于 B3 处理，与 B4 和 B2 处理无显著差异（表 3-6）；头茬 B1 和 B4 处理苜蓿生长速度显著高于 B3 处理，与 B2 处理无显著差异。二茬草禾草 B2 处理生长速度最高，极显著高于其他处理，B1、B3、B4 处理间差异不显著。三茬草禾草 B1 处理生长速度显著高于 B4 处理，与其他处理相比差异不显著，不同混播比例对二茬草和三茬草苜蓿的生长速度影响差异不显著。这可能与 3 种禾草

的返青时间不同有关，刈割后重新萌发，生长同步进行，生长速度差异不显著。

表 3-6　混播比例对混播组分生长速度的影响　单位：cm/d

混播组分	混播比例	头茬	二茬	三茬
禾草	B1	2.19±0.15aA	1.49±0.03bB	1.07±0.03aA
	B2	2.03±0.34abA	1.66±0.04aA	1.03±0.02abA
	B3	1.94±0.13bB	1.51±0.04bB	1.01±0.02abA
	B4	2.10±0.07abA	1.54±0.09bB	0.98±0.03bA
苜蓿	B1	2.11±0.21aA	2.58±0.37aA	1.54±0.17aA
	B2	2.02±0.16abA	2.57±0.16aA	1.53±0.15aA
	B3	1.96±0.31bA	2.65±0.33aA	1.52±0.22aA
	B4	2.09±0.18aA	2.63±0.21aA	1.65±0.24aA

　　不同混播组合处理下，头茬 A1B1、A1B2、A1B4 和 A3B1 处理禾草生长速度极显著高于 A2B2 和 A2B3 处理，与其他处理间无显著差异（表 3-7），其中 A1B4 处理生长速度最快，较生长速度最小的 A2B3 处理高 35.8%；头茬 A3B1 处理苜蓿生长速度极显著高于 A1B3 和 A2B2 处理，与其他处理间无显著差异，其中 A3B1 处理生长速度最快，较生长速度最小的 A1B3 处理高 27.1%。二茬 A3B2 和 A3B3 处理禾草生长速度与 A3B4 处理相比差异不显著，极显著高于其他处理，A2B3 处理最低。三茬 A1B1 处理禾草生长速度最快，极显著高于 A2B2、A2B3、A2B4、A3B1 和 A3B2 处理，与其他处理无显著差异；二茬和三茬各处理间苜蓿生长速度无显著差异。

表 3-7　混播组合对混播组分生长速度的影响　　单位：cm/d

混播组分	混播组合	头茬	二茬	三茬
禾草	A1B1	2.31±0.11aA	1.53±0.21bcBC	1.29±0.11aA
	A1B2	2.25±0.17aA	1.59±0.12bcBC	1.22±0.09aA
	A1B3	2.03±0.11bcAB	1.32±0.26bcdBC	1.11±0.13abAB
	A1B4	2.35±0.24aA	1.57±0.17bcBC	1.14±0.17bAB
	A2B1	2.11±0.11abAB	1.38±0.1bcdBC	1.1±0.25bcAB
	A2B2	1.82±0.31cB	1.42±0.02cdBC	0.93±0.13cdBC
	A2B3	1.73±0.43cB	1.23±0.07dC	0.82±0.16cdC
	A2B4	1.97±0.24bcAB	1.36±0.24bcdBC	0.74±0.01dC
	A3B1	2.16±0.03abA	1.55±0.21bcBC	0.83±0.26cdC
	A3B2	2.02±0.16bcAB	1.98±0.17aA	0.94±0.02cdBC
	A3B3	2.07±0.01abAB	1.97±0.11aA	1.08±0.02bcAB
	A3B4	1.99±0.25bcAB	1.70±0.24abAB	1.05±0.21bcAB
苜蓿	A1B1	2.09±0.14abAB	2.54±0.14aA	1.57±0.19aA
	A1B2	2.02±0.12bcAB	2.66±0.1aA	1.52±0.11aA
	A1B3	1.77±0.45cB	2.58±0.38aA	1.42±0.26aA
	A1B4	2.07±0.19abAB	2.56±0.17aA	1.68±0.21aA
	A2B1	1.99±0.31bcAB	2.67±0.17aA	1.51±0.02aA
	A2B2	1.88±0.12cB	2.56±0.1aA	1.45±0.26aA
	A2B3	2.01±0.17bcAB	2.72±0.17aA	1.49±0.05aA
	A2B4	2.15±0.02abA	2.71±0.05aA	1.69±0.23aA
	A3B1	2.25±0.07aA	2.53±0.43aA	1.55±0.23aA
	A3B2	2.17±0.07abA	2.49±0.14aA	1.61±0.14aA
	A3B3	2.05±0.14bcAB	2.66±0.14aA	1.64±0.28aA
	A3B4	2.11±0.29abAB	2.62±0.21aA	1.66±0.28aA

三、苜蓿-禾草混播方式对混播组分草层高度的影响

如表3-8所示，3种禾草处理下，头茬草禾草组分 A2 处理草层高度最高，极显著高于其他2个处理，头茬苜蓿组分无显著差异。二茬草禾草组分 A3 处理草层高度最高，显著高于 A1 处理，与 A2 处理相比差异不显著，二茬苜蓿组分无显著差异。三茬草禾草组分 A1 处理草层高度最高，极显著高于 A2、A3 处理，A2、A3 处理间差异不显著。苜蓿组分 A2 处理最低，显著低于其他2个处理。

表3-8 禾草种类对混播组分草层高度的影响 单位：cm

混播组分	禾草种类	头茬	二茬	三茬
禾草	A1	67.5±2.1bB	44.6±1.4bB	49.6±1.1aA
	A2	74.2±2.8aA	46.1±4.4abAB	40.5±0.9bB
	A3	64.9±6.7bB	49.4±1.2aA	40.8±0.8bB
苜蓿	A1	69.9±2.0aA	69.1±5.4aA	66.5±0.7aA
	A2	71.1±2.2aA	69.8±6.6aA	63.5±0.8bA
	A3	73.7±2.0aA	69.5±2.0aA	67.8±0.9aA

不同混播比例草地禾草及苜蓿草层高度存在差异（表3-9），头茬草禾草和苜蓿组分草层高度 B3 处理最小、极显著小于其他处理，其他处理间差异不显著。二茬草禾草组分 B2 处理最高，显著高于 A1 处理，与 A3、A4 处理相比差异不显著，二茬草苜蓿组分无显著差异。三茬草禾草组分 B4 处理草层高度最低，显著低于 B1、B2 处理。苜蓿组分 B4 处理草层高度最高，与 B1 处理相比差异不显著，显著高于 B2、B3 处理，B2、B3 处理间差异不显著。

表 3-9　混播比例对混播组分草层高度的影响　　　单位：cm

混播组分	混播比例	头茬	二茬	三茬
禾草	B1	69. 4±4. 2aA	44. 3±2. 7bA	45. 5±4. 5aA
	B2	70. 5±2. 2aA	49. 9±5. 7aA	45. 3±3. 7aA
	B3	66. 1±4. 3bB	46. 2±6. 5abA	42. 1±3. 6abA
	B4	69. 5±5. 2aA	46. 6±7. 5abA	41. 9±1. 6bB
苜蓿	B1	72. 1±4. 1aA	68. 7±7. 7aA	66. 1±3. 6aA
	B2	72. 3±6. 1aA	69. 3±2. 6aA	63. 4±5. 7bA
	B3	68. 5±2. 1bB	69. 5±7. 5aA	63. 3±8. 6bA
	B4	73. 3±8. 2aA	70. 3±2. 7aA	67. 9±5. 5aA

如表 3-10 所示，头茬草禾草组分草层高度 A2B4 处理最高，极显著高于 A1B1、A1B3、A3B1、A3B2、A3B3、A3B4 处理，与其他处理相比差异不显著。苜蓿组分 A2B4 草层高度最高，极显著高于 A1B3、A2B1、A2B2 和 A2B3 处理，与其他处理相比差异不显著。二茬草禾草组分草层高度 A3B2、A3B3 处理较高，极显著高于其他处理，A1B3 处理草层高度最低，极显著低于其他各处理。苜蓿组分草层高度 A1B2 处理最高，极显著高于 A1B3、A2B2 处理，其他处理间差异不显著。三茬草禾草组分草层高度 A1B1 处理最高，与 A1B2、A1B3、A1B4、A2B1、A3B3 处理相比差异不显著，A2B4 处理草层高度最低，与 A2B3 和 A3B1 处理相比差异不显著，极显著低于其他处理。苜蓿组分 A1B4 处理草层高度最高，极显著高于 A1B3、A2B2、A2B3 和 A3B2 处理，与其他处理相比差异不显著。

表 3-10　混播组合对混播组分草层高度的影响　　单位：cm

混播组分	混播组合	头茬	二茬	三茬
禾草	A1B1	66.9±4.6bcB	43.7±3.1bB	52.0±2.6aA
	A1B2	71.6±4.5abA	48.7±3.2bB	51.8±2.4aA
	A1B3	60.5±4.1cC	38.9±2.6cC	44.9±2.2abAB
	A1B4	70.9±4.7abA	47.0±3.1bB	49.5±2.3aA
	A2B1	75.2±4.2aA	44.4±2.8bB	47.8±2.2aA
	A2B2	73.0±3.6aA	46.4±2.8bB	42.1±1.9bB
	A2B3	70.4±3.5abAB	45.1±2.5bB	36.6±1.6cC
	A2B4	78.0±3.9aA	48.6±2.7bB	35.7±1.5cC
	A3B1	66.1±4.3bcB	44.8±3.1bB	36.8±1.7cC
	A3B2	66.9±4.0bcB	54.7±3.9aA	41.1±1.9bcB
	A3B3	67.4±4.1bcB	54.1±3.9aA	44.7±2.2abAB
	A3B4	59.5±4.0cC	44.1±3.4bB	40.4±2.1bcB
苜蓿	A1B1	71.0±4.2bAB	68.5±5.1abAB	65.8±3.1abAB
	A1B2	73.9±4.0aA	72.4±5.3aA	67.9±3.0abcA
	A1B3	63.2±3.5cC	66.0±5.2bB	61.5±2.8cB
	A1B4	71.5±4.1abAB	69.5±5.1aA	71.0±3.4aA
	A2B1	70.4±4.0bB	70.1±5.3aA	64.8±3.0bcAB
	A2B2	67.5±3.8bcB	66.2±5.1bB	58.9±2.9cB
	A2B3	70.3±4.0bB	70.9±5.4aA	57.2±3.0cB
	A2B4	76.0±4.3aA	72.1±5.4aA	72.9±3.4aA
	A3B1	74.7±4.5aA	67.5±5.1abAB	67.8±3.1abA
	A3B2	75.6±4.3aA	69.3±5.0aA	63.5±3.2bcB
	A3B3	72.2±4.1abA	71.7±5.3aA	71.2±3.3aA
	A3B4	72.5±4.2abA	69.4±5.2aA	68.8±3.3aA

四、苜蓿-禾草混播方式对混播组分茎叶比的影响

如表 3-11 所示，混播草地禾草组分茎叶比三茬草均表现为 A3 处理最大，3 个处理间差异极显著，苜蓿组分仅第三茬草 A2 处理显著低于其他 2 个处理，头茬草和二茬草各处理间均差异不显著。可见，茎叶比在不同禾草间差异较大。

表 3-11　禾草种类对混播组分茎叶比的影响　　　单位：cm/d

混播组分	禾草种类	头茬	二茬	三茬
禾草	A1	0.81±0.05cC	0.51±0.03cC	0.72±0.06cC
	A2	1.49±0.06bB	1.21±0.06bB	1.36±0.05bB
	A3	3.50±0.14aA	3.18±0.15aA	3.34±0.1aA
苜蓿	A1	1.62±0.05aA	1.47±0.1aA	1.41±0.05aA
	A2	1.59±0.07aA	1.48±0.09aA	1.36±0.03bA
	A3	1.57±0.09aA	1.43±0.04aA	1.45±0.04aA

如表 3-12 所示，不同种植比例下，头茬草禾草各处理间差异不显著，头茬苜蓿茎叶比 B1 处理最大，与 B4 处理相比差异不显著，显著高于其他两个处理，B2 和 B3 处理差异不显著。二茬草禾草组分 B1 处理茎叶比最低，显著低于 B3 和 B4 处理，苜蓿组分 B4 处理最高，极显著高于 B1 和 B2 处理。三茬草禾草各组分间差异不显著，苜蓿组分 B3 处理最低，显著低于 B1 和 B2 处理，与 B4 处理相比差异不显著。

表 3-12　混播比例对混播组分茎叶比的影响　　　单位：cm/d

混播组分	混播比例	头茬	二茬	三茬
禾草	B1	1.97±0.17aA	1.58±0.06bA	1.81±0.03aA
	B2	1.93±0.13aA	1.61±0.05abA	1.81±0.05aA
	B3	1.93±0.12aA	1.67±0.07aA	1.80±0.02aA
	B4	1.89±0.04aA	1.66±0.04aA	1.76±0.08aA

（续表）

混播组分	混播比例	头茬	二茬	三茬
苜蓿	B1	1.73±0.04aA	1.36±0.05bB	1.45±0.04aA
	B2	1.51±0.06bB	1.38±0.06bB	1.45±0.08aA
	B3	1.42±0.07bB	1.49±0.05aA	1.33±0.06bA
	B4	1.70±0.06aA	1.62±0.01aA	1.39±0.02abA

如表 3-13 所示，禾草各茬次茎叶比受品种影响较大，各品种间差异显著，受种植比例影响较小。头茬草苜蓿 A1B1 和 A2B1 处理茎叶比最大，极显著高于 A1B2、A1B3、A2B2、A2B3、A3B1 和 A3B3 处理，与其他处理相比差异不显著。二茬草苜蓿茎叶比 A1B4 处理最大，A3B1 处理最小，二者相差 45.5%，三茬草苜蓿 A1B3 处理最小，与 A1B4 和 A2B1 处理间差异不显著。显著低于其他各处理，A1B1 处理最大，二者相差 24%。

表 3-13　混播组合对混播组分茎叶比的影响　　单位：cm/d

混播组分	混播组合	头茬	二茬	三茬
禾草	A1B1	0.76±0.02cC	0.41±0.01cC	0.66±0.01cC
	A1B2	0.83±0.03cC	0.55±0.01cC	0.76±0.01cC
	A1B3	0.86±0.03cC	0.57±0.01cC	0.71±0.02cC
	A1B4	0.75±0.04cC	0.52±0.09cC	0.65±0.03cC
	A2B1	1.58±0.01bB	1.09±0.04bB	1.41±0.04bB
	A2B2	1.45±0.11bB	1.22±0.25bB	1.37±0.1bB
	A2B3	1.45±0.01bB	1.29±0.13bB	1.38±0.16bB
	A2B4	1.47±0.07bB	1.24±0.16bB	1.26±0.14bB
	A3B1	3.56±0.09aA	3.25±0.34aA	3.35±0.05aA
	A3B2	3.51±0.12aA	3.06±0.25aA	3.31±0.09aA
	A3B3	3.48±0.17aA	3.16±0.2aA	3.32±0.07aA
	A3B4	3.45±0.15aA	3.23±0.14aA	3.37±0.04aA

（续表）

混播组分	混播组合	头茬	二茬	三茬
	A1B1	1.84±0.14aA	1.51±0.13bAB	1.55±0.14aA
	A1B2	1.45±0.11bcB	1.34±0.12bB	1.53±0.12aA
	A1B3	1.48±0.11bcB	1.28±0.11cC	1.25±0.11cC
	A1B4	1.69±0.13bA	1.76±0.10aA	1.31±0.11cBC
	A2B1	1.84±0.11aA	1.35±0.10bB	1.27±0.11cC
苜蓿	A2B2	1.38±0.12cB	1.37±0.09bB	1.37±0.12bB
	A2B3	1.38±0.11cB	1.65±0.10aA	1.38±0.10bB
	A2B4	1.76±0.11abA	1.55±0.12abA	1.41±0.12abAB
	A3B1	1.52±0.11bcB	1.21±0.12cC	1.53±0.11aA
	A3B2	1.69±0.09bA	1.44±0.12bB	1.45±0.11abA
	A3B3	1.41±0.11cB	1.54±0.12abA	1.36±0.11bB
	A3B4	1.64±0.11bA	1.54±0.11abA	1.45±0.11abA

第三节 苜蓿-禾草混播方式对混播组分产量及产量比的影响

一、苜蓿-禾草混播方式对混播组分产量的影响

产量是决定草地生产能力的重要指标，3 种禾草处理下，头茬 A1 和 A3 处理禾草产量较 A2 处理高 41.3%和 43.4%（表 3-14），A1、A3 处理的禾草产量极显著高于 A2 处理，头茬 A2 处理的苜蓿产量较 A3 处理高 26.14%，显著高于 A1 和 A3 处理。二茬 A1 处理的禾草产量较 A2 处理高 37.5%，与 A3 处理无显著差异，A1 处理的禾草产量极显著高于 A2 处理，二茬 3 个处理的苜蓿产量之间无显著差异。三茬 A1 处理的禾草产量较 A2 处理高 62.79%，较 A3

处理高 55.81%，A1 处理的禾草产量极显著高于 A2 和 A3 处理，三茬苜蓿产量在 3 个处理下无极显著差异，A1 和 A3 处理的禾草产量显著高于 A2 处理。全年 A1 处理的禾草产量较 A2 处理高48.24%，较 A3 处理高 20.82%，A1 处理的禾草产量极显著高于A2 和 A3 处理，全年苜蓿产量在 3 个处理下无极显著差异，A1 和A2 处理的禾草产量显著高于 A3 处理。由此可见，禾草种类对头茬草产量影响较大，对其他茬次影响较小，对禾草产量影响较大，对苜蓿产量影响较小。

表 3-14　禾草种类对混播组分产量的影响　单位：kg/hm²

混播组分	禾草种类	头茬	二茬	三茬	全年
禾草	A1	1112.85±533.20aA	784.17±292.89aA	855.73±269.19aA	2476.91±831.36aA
	A2	787.37±416.79bB	570.42±365.88bA	313.08±182.19bB	1670.87±726.72cB
	A3	1129.47±549.39aA	768.54±494.54aA	371.19±204.88bB	2050.04±1149.86bB
苜蓿	A1	4884.98±2484.08bA	3482.53±1224.54aA	2008.28±1028.16aA	10 375.79±4344.80aA
	A2	5344.09±2228.34aA	3613.36±1128.96aA	1579.75±464.40bA	10 537.20±2875.56aA
	A3	4236.59±1105.71cB	3250.07±1097.74aA	2062.11±676.29aA	9548.77±1243.75bA

　　不同混播比例处理下，头茬 B3 处理禾草产量极显著高于其他处理（表 3-15），是最低产量 B4 处理的 4.09 倍；头茬 B1 处理苜蓿产量极显著高于其他处理，是最低产量 B2 处理的 2.44 倍。二茬B1、B2、B3 处理禾草产量极显著高于 B4 处理，B1 处理极显著高于 B2 和 B4 处理；二茬 B4 处理苜蓿产量极显著高于其他处理，B1、B2 和 B3 处理间无显著差异。三茬 B1 处理禾草产量显著高于其他处理，是最低产量 B4 处理的 2.51 倍，B1、B2、B3 处理极显著高于 B4 处理；三茬 B1 处理苜蓿产量极显著高于 B2 和 B3 处理，与 B4 处理无显著差异。全年 B1 处理禾草产量显著高于 B2 和 B4处理；全年 B1 处理苜蓿产量极显著高于 B2 和 B3 处理，与 B4 处

理无显著差异。

表 3-15　混播比例对混播组分产量的影响　单位：kg/hm²

混播组分	混播比例	头茬	二茬	三茬	全年
禾草	B1	978.10±264.08bB	997.22±258.80aA	691.80±291.56aA	2667.12±618.38aA
	B2	1106.19±287.56bB	745.83±337.70bA	534.86±368.57bA	2094.66±931.77bB
	B3	1571.09±418.51aA	784.44±444.95abA	551.11±349.34bA	2538.87±759.71aAB
	B4	384.22±150.19cC	303.33±124.10cB	275.56±157.65cB	963.11±356.61cC
苜蓿	B1	7414.72±1494.34aA	3010.66±996.00bB	2373.07±948.70aA	12 798.45±2356.14aA
	B2	3041.70±770.45cC	2879.18±683.13bB	1394.10±443.67bB	7315.00±1329.69cB
	B3	3478.83±1136.92cC	3500.94±1319.48bB	1488.59±366.45bB	8468.36±2455.91bB
	B4	5352.29±573.46bB	4403.83±873.46aA	2277.75±684.10aA	12 033.87±1684.83aA

　　不同混播组合处理下，头茬 A1B1 和 A3B3 处理禾草产量显著高于 A1B4、A2B1、A2B2、A2B4、A3B1 和 A3B4 处理（表 3-16），与 A3B2 和 A2B3 处理间无显著差异，头茬 A1B1 、A2B1 处理苜蓿产量显著高于其他处理；二茬 A3B3 处理禾草产量极显著高于 A1B4、A2B3、A2B4、A3B2 和 A3B4 处理，与 A1B1、A1B2、A1B3、A2B1、A2B2 和 A1B3 处理间无显著差异，二茬 A1B4 处理苜蓿产量显著高于 A1B2、A1B3、A2B1、A2B2、A3B1 和 A3B2 处理；三茬 A1B1、A1B2 处理禾草产量极显著高于除 A1B3 外的其他处理，三茬 A1B1 、A1B4 和 A3B1 处理苜蓿产量极显著高于其他处理。全年 A1B2、A3B3 处理禾草产量极显著高于除 A1B2、A3B1 外的其他处理，全年 A1B1 处理苜蓿产量极显著高于其他处理。

表 3-16　混播组合对混播组分产量的影响

单位：kg/hm²

混播组分	混播组合	头茬	二茬	三茬	全年
禾草	A1B1	1096.90±332.86bABC	885.00±262.82abABC	1000.00±188.75aA	2981.90±732.58abABC
	A1B2	1157.31±256.89bAB	1058.33±266.30abA	1002.91±163.11 aA	3218.56±360.16 aA
	A1B3	1732.43±382.57aA	763.33±25.17bcABCD	953.33±155.03aAB	2345.77±491.51bcdBCD
	A1B4	464.77±177.00cdCD	430.00±120.00cdCD	466.67±85.05bcCD	1361.43±139.93efEFG
	A2B1	809.15±232.44bcBCD	1026.67±127.51abAB	412.33±140.08cdCD	2248.15±359.22cdCDE
	A2B2	865.23±42.13bcBCD	721.67±150.03 bcABC	326.67±136.30cdCD	1913.56±108.55deDEF
	A2B3	1245.86±325.34abAB	346.67±232.45cdCD	353.33±301.72cdCD	1945.86±513.14deDEF
	A2B4	229.27±38.13dD	186.67±30.55dD	160.00±26.46dD	575.93±23.06gG
	A3B1	1028.24±215.36bBC	1080.00±390.00abA	663.08±154.64BC	2771.32±660.05abcABCD
	A3B2	1296.04±343.37abAB	457.50±301.12cdBCD	275.00±57.28cdD	1151.88±579.92fgG
	A3B3	1734.98±458.68aA	1243.33±365.01aA	346.67±95.04cdCD	3324.98±720.68aA
	A3B4	458.63±58.21cdCD	293.33±40.42dD	200.00±90.00dD	951.97±159.78fgG

（续表）

混播组分	混播组合	头茬	二茬	三茬	全年
	A1B1	8498.23±400.38aA	3967.19±397.98abcAB	2966.31±530.56aA	15 431.73±1286.44aA
	A1B2	2900.88±664.60EF	3071.94±56.58cdeBCD	986.67±45.37cB	6959.49±677.39ghFG
	A1B3	2682.74±226.57fF	1946.67±245.02efD	1133.33±260.26cB	5762.74±295.30hG
	A1B4	5458.07±171.97bcdBC	4944.30±822.72aA	2946.82±225.62aA	13 349.20±769.19bAB
	A2B1	8170.81±883.78aA	3229.78±363.46bcdBCD	1200.00±422.40bcB	12 600.59±776.57bcBC
	A2B2	2372.29±223.11f	2295.56±534.89defCD	1480.89±404.01bcB	6148.75±757.95hG
苜蓿	A2B3	4893.77±630.11cdBCD	4569.45±884.98aA	1700.25±350.37bcB	11 163.46±1392.32cdBCD
	A2B4	5939.50±116.68bB	4358.66±882.45abAB	1937.85±525.99bB	12 236.01±1473.51bcBC
	A3B1	5575.13±544.33bcBC	1835.00±399.78fD	2952.91±209.38aA	10 363.04±768.59deCDE
	A3B2	3851.96±442.94eDE	3270.04±884.05bcdBCD	1714.75±455.61bcB	8836.75±579.27efDEF
	A3B3	2859.97±440.22fEF	3986.71±656.32abcAB	1632.20±243.31bcB	8478.88±473.29fgEF
	A3B4	4659.30±133.75dDC	3908.53±887.11abcABC	1948.57±732.85bB	10 516.40±1575.20deCDE

二、苜蓿-禾草混播方式对豆禾总产量的影响

3 种禾草处理下，头茬 A1 和 A2 处理的豆禾总产量极显著高于 A3 处理（表 3-17）；二茬豆禾总产量 3 个处理间无显著差异；三茬 A1 处理的豆禾总产量显著高于 A2 和 A3 处理；全年 A1 处理的豆禾总产量极显著高于 A3 处理。

表 3-17 禾草种类对豆禾总产量的影响 单位：kg/hm²

禾草种类	头茬	二茬	三茬	全年
A1	5997.83±2321.46aA	4266.69±1154.77aA	2864.01±920.92aA	12 852.70±4258.37aA
A2	6131.47±2181.90aA	4183.78±949.31aA	1932.00±394.46cB	12 247.24±2837.66abAB
A3	5366.07±887.33bB	4018.61±1077.39aA	2433.29±840.71bA	11 598.80±1499.08bB

不同混播比例处理下，头茬豆禾总产量 B1 处理极显著高于其他处理（表 3-18）；二茬 B4 处理豆禾总产量显著高于 B1、B2 处理；三茬 B1 处理豆禾总产量极显著高于其他处理；全年 B1 处理豆禾总产量显著高于 B2、B3、B4 处理。

表 3-18 混播比例对豆禾总产量的影响 单位：kg/hm²

混播比例	头茬	二茬	三茬	全年
B1	8392.82±1526.07aA	4007.88±991.70bAB	3117.10±1064.49aA	15 517.80±2574.93aA
B2	4147.91±890.97dD	3625.02±593.56bB	1928.96±319.94cC	9409.66±1158.19dD
B3	5049.92±949.49cC	4285.39±1346.93abAB	2039.70±303.94cBC	11 007.23±2328.17cC
B4	5736.51±499.23bB	4707.16±929.61aA	2553.31±822.55bB	12 996.98±1852.06bB

不同混播组合处理下，头茬 A1B1 和 A2B1 处理豆禾总产量显著高于其他处理（表 3-19）；二茬 A1B4 和 A3B3 处理豆禾总产量最高，极显著高于 A1B3、A2B2 和 A3B1 处理；三茬 A1B1、A1B4、

A3B1 处理间豆禾总产量差异不显著，极显著高于其他处理；全年 A1B1 处理豆禾总产量极显著高于其他处理。

表 3-19　混播组合对豆禾总产量的影响　　单位：kg/hm²

混播组合	头茬	二茬	三茬	全年
A1B1	9595.13±621.41aA	4852.19±648.54abA	3966.31±485.43aA	18 413.63±1726.81aA
A1B2	4058.19±413.00efDE	4130.28±242.42abcdABC	1989.58±151.41bB	10 178.05±327.32efDE
A1B3	4415.17±483.23deDE	2710.00±220.00eC	2086.67±105.99bB	8108.50±433.72gE
A1B4	5922.84±174.35bcBC	5374.30±888.38aA	3413.49±256.70aA	14 710.63±739.18bcB
A2B1	8979.96±1110.41aA	4256.45±441.71abcABC	1769.00±284.08bB	15 005.41±1259.72bB
A2B2	3237.52±235.60fE	3017.23±480.82cdeBC	1807.56±341.08bB	8062.31±657.37gE
A2B3	6139.63±368.60bBC	4916.11±868.24abA	2053.58±484.45bB	13 109.32±885.70cdBC
A2B4	6168.76±154.78bBC	4545.33±852.47abAB	2097.85±545.48bB	12 811.94±1486.38dBC
A3B1	6603.37±455.84bB	2915.00±603.80deBC	3615.98±187.30aA	13 134.36±677.15cdBC
A3B2	5148.01±440.06cdCD	3727.54±408.01bcdeABC	1989.75±486.85bB	9988.63±695.54fDE
A3B3	4594.95±735.34deDE	5230.04±892.51aA	1978.87±338.30bB	11 803.86±817.60deCD
A3B4	5117.93±190.47cdCD	4201.86±922.44abcABC	2148.57±822.30bB	11 468.36±1733.08defCD

三、苜蓿-禾草混播方式对豆禾产量比的影响

3 种禾草处理下，头茬豆禾产量比无显著差异（表 3-20）；二茬 A1 和 A3 处理豆禾产量比极显著高于 A2 处理；三茬 A1 处理的豆禾产量比极显著高于 A2 和 A3 处理；全年 A1 处理的豆禾产量比显著高于 A2 和 A3 处理。

表 3-20　禾草种类对豆禾产量比的影响

禾草种类	头茬	二茬	三茬	全年
A1	16.81±10.04aA	19.93±8.74aA	33.84±16.46aA	21.51±9.74aA

（续表）

禾草种类	头茬	二茬	三茬	全年
A2	14.97±9.99aA	15.01±10.51bA	16.62±9.24bB	14.61±7.44cB
A3	18.00+12.43aA	19.85+13.17aA	14.71±4.40bB	17.25±8.45bAB

在不同混播比例处理下，头茬 B2、B3 处理豆禾产量比显著高于 B1 和 B4 处理（表 3-21）；二茬 B1 处理豆禾产量比显著高于其他处理；三茬 B1、B2、B3 处理豆禾产量比极显著高于 B4 处理；全年 B2 和 B3 处理豆禾产量比极显著高于 B4 处理。

表 3-21 混播比例对豆禾产量比的影响

混播比例	头茬	二茬	三茬	全年
B1	11.96±3.89bB	26.31±9.83aA	22.53±6.36aA	17.37±3.68bA
B2	21.95±10.24aA	20.60±8.63bA	27.68±17.71aA	22.41±9.03abA
B3	25.65±10.54aA	19.69±10.27bA	26.49±16.46aA	24.02±7.28aA
B4	6.82±2.84cB	6.46±2.09cB	10.19±2.99bB	7.36±2.20cB

不同混播组合处理下，头茬 A3B3 处理豆禾产量比显著高于其他处理（表 3-22）；二茬 A3B1 处理豆禾产量比显著高于 A1B1、A1B4、A2B3、A2B4 和 A3B2 处理；三茬 A1B1、A1B2 处理豆禾产量比极显著高于其他处理；全年 A1B2、A1B3 和 A3B3 处理间差异不显著，极显著高于其他处理。

表 3-22 混播组合对豆禾产量比的影响

混播组合	头茬	二茬	三茬	全年
A1B1	11.34±2.84efgDEF	17.97±3.17cdBCD	25.49±5.56bB	16.10±2.92cD
A1B2	29.12±9.15bAB	25.44±4.98bcAB	50.20±4.62aA	31.71±4.49aA
A1B3	18.97±5.30cdeBCDE	28.34±3.25abAB	46.01±9.71aA	28.96±2.02aAB

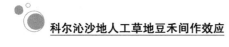

（续表）

混播组合	头茬	二茬	三茬	全年
A1B4	7. 82±2. 91fgEF	7. 98±1. 76eDE	13. 66±2. 23cdeBC	9. 27±1. 14eEF
A2B1	8. 88±1. 64fgDEF	24. 15±2. 29bcABC	23. 78±8. 43bcB	14. 92±1. 26cdD
A2B2	26. 80±1. 97bcABC	24. 45±7. 47bcABC	18. 74±8. 34bcdeBC	23. 91±3. 24bBC
A2B3	20. 49±6. 37cdBCD	7. 13±4. 42eDE	16. 15±11. 28bcdeBC	15. 07±5. 11cdD
A2B4	3. 71±0. 52gF	4. 29±1. 52eE	7. 80±1. 20eC	4. 53±0. 46fF
A3B1	15. 65±3. 79defCDEF	36. 81±9. 75aA	18. 33±4. 22bcdeBC	21. 08±4. 67bC
A3B2	9. 92±6. 03fgDEF	11. 91±6. 84deCDE	14. 11±2. 65cdeBC	11. 62±2. 69deDE
A3B3	37. 48±5. 81aA	23. 58±4. 52bcBC	17. 30±1. 90bcdeBC	28. 03±4. 49aAB
A3B4	8. 94±0. 83fgDEF	7. 09±0. 96eDE	9. 11±0. 99deC	8. 29±0. 24eEF

第四节　讨论与结论

一、讨论

（一）影响混播牧草生产性能的主要因子

牧草的高度、生长速度、草层高度及茎叶比是草地实际管理与运用中最常用的参数，牧草的高度及生长速度更是可以作为草地草群的表面特征参数（surface characteristic）（闵星星 等，2010；Hodgson，2010）。牧草的株高是牧草产量与牧草生长状况的重要指标之一（张俊丽 等，2016）。禾豆混播草地株高及生长速度是反映牧草产量增加与否的重要指标，可以表征混播草地产量增产性能及竞争能力（赵萍 等，2012；Frankow et al.，2009）。通过研究不同禾豆混播组合处理对其株高生长速度的影响，确定沙地苜蓿-禾草高产的最优草种组合；发现不同种类，不同比例组合方式禾草株高以及苜蓿株高均有所不同。本试验表明，头茬禾草株高及生长速度高于一茬苜蓿株高，这可能是因为在初期禾草抗逆性强于苜蓿，出苗时期早于苜蓿，抗低温及弱光能力强，导致前期禾草生长速度及高度优于苜蓿。二三茬禾草株高及生长速度低于苜蓿，分析原因是在混播生长过程中，苜蓿根瘤固氮能力强，刈割后再生能力强，生长迅速，苜蓿对空间及光照的竞争优于禾草导致。该结论与郑伟等（2010）和锡文林等（2009）的研究结果一致。

从禾草种类分析，无芒雀麦株高及生长速度要明显优于披碱草，但是对苜蓿的影响几乎相反，可能是䅟草的分枝能力较其他两个禾草弱些，苜蓿占有更大的低层空间，导致生长速度及株高均较高。从混播比例分析，苜蓿禾草 1∶1 比例要明显优于苜蓿禾草 1∶2 比例，说明在禾草所占比例越高，越不利用于豆禾混播草地植株的生长，郑伟等（2010）的研究结果与本研究结果一致。从不同组分处理来看，披碱草草豆禾混播比例 1∶1 处理，三茬禾草的株高及生长速度均较高，而无芒雀麦 1∶1 及 1∶2 生长速度及株高较高，䅟草 2∶1 最差，这可能是由于无芒雀麦较其他 2 种禾草的生长速度快，且与苜蓿混播后，合理地利用了资源。这与包乌云等（2013）的研究结果一致。而在苜蓿处理中，二三茬草不论是不同种类间，还是不同播种比例条件下，苜蓿株高及生长速度均没有显著性差异变化，仅在头茬不同组分处理条件下，䅟草 1∶1 和披碱草 2∶1 与无芒雀麦 1∶1 株高及生长速度较好。草层高度与株高变化趋势大体相同。茎叶比的大小和苜蓿的产量组成及品质有关，本研究中，紫花苜蓿与无芒雀麦茎叶比相对小于披碱草及䅟草，说明紫花苜蓿与无芒雀麦间作导致紫花苜蓿叶片量增加，苜蓿品质得到改善，而禾草茎叶比主要受品种特性影响较大，品种间差异极显著，混播比例对禾草茎叶比的影响不显著。

（二）豆–禾混播对草地产草量的影响

产草量是反映草地可食牧草数量的重要指标之一，可以直观简便地衡量出草地的生产能力。牧草产量的高低是体现草地经济价值的重要指标之一。蔡维华等（2004）研究证实，混播与单播相比，具有高产稳产的特点，兰兴平和王峰（2004）也证实，混播条件下，牧草一般可以增产 14%~25%。本研究中，3 种禾草处理下，头茬 A3 处理的豆禾总产量最低，二茬豆禾总产量 3 个处理间无显著差异，三茬 A2 处理的豆禾总产量最低，全年来看 A3 处理的禾草豆禾总产量最低。因此，禾草种类能够显著影响混播牧草草地总产量，且 A1 和 A2 处理产量无显著差异，但是显著高于 A3 处理。不同混播比例处理对混播草地产量影响较显著，总体上看三茬草B2 处理的产量最低，全年总产量也最低，B1 处理的全年总产量最高，极显著高于其他处理。因此播种比例对牧草生产能力影响较大。组合来看 A1B1 处理的全年产量最高，是混播牧草的较佳组合。从豆禾产量比可见，苜蓿产量对草地总产量影响较大，禾草种类对禾草产量影响显著，对苜蓿产量影响不显著，这与张鲜花等（2012）的研究结果一致。

二、结论

混播禾草种类对禾草株高、生长速度影响显著，对苜蓿株高、生长速度影响不显著。混播比例对头茬禾草和苜蓿株高、生长速度影响显著，而对二茬、三茬苜蓿株高生长速度影响不显著。无芒雀麦株高和生长速度在头茬和三茬较高，在二茬鹰草株高和生长速度较高。茎叶比受禾草品种影响较大，苜蓿与无芒雀麦茎叶比整体较小，鹰草较大。

混播禾草种类对各茬次禾草产量影响显著，对二茬苜蓿产量影响不显著。混播比例对各茬次及全年禾草与苜蓿产量以及禾豆总产量和产量比影响显著，1∶1 混播比例下禾草产量较高，而 2∶2 和2∶1 混播禾草产量相对较低；1∶1 和 2∶1 比例混播苜蓿产量相对较高。全年来看，混播比例为 1∶1 的处理牧草总产量最高。

第四章　苜蓿-禾草混播组合饲用品质研究

　　牧草粗蛋白含量、粗灰分含量等是关系到牧草品质的重要指标，牧草的粗蛋白含量越高，粗纤维含量越低，其营养价值越高，反之牧草的营养价值越低（刘秀梅，2010）。通常情况下，豆科牧草的粗蛋白含量高于禾本科牧草，豆科牧草的高蛋白含量以及混播条件下豆科牧草的固氮作用提高了豆禾混播草地牧草的粗蛋白含量（Bakoglu et al.，1999），因此，禾豆混播后牧草粗蛋白含量高于禾本科牧草单播时的含量（Kyriazopoulos，2012）。中性洗涤纤维含量越高的牧草适口性越差，家畜的采食率就越低，酸性洗涤纤维含量越高的牧草，家畜采食后的消化率越低，不容易被家畜消化吸收（陈军强 等，2016）。李晶等（2010）研究表明青贮玉米和秣食豆混播，群体干物质产量显著增加并且混播组合的粗蛋白产量高于单播的产量。马春辉等（2012）研究表明燕麦与豌豆的混播，中性洗涤纤维含量比单播燕麦低，粗蛋白增加（马春晖 等，2012）。豆禾混播有利于降低纤维含量。

　　对于饲草营养价值的评定，我国多使用 Weende 和 VanSoest 体系，但由于反刍动物特殊的消化系统，仅根据化学分析不能说明其对饲料的消化利用情况，因而不能真实反映饲料的营养价值（靳玲品 等，2013）。而较先进的反刍动物营养评价体系——康奈尔净碳水化合物-蛋白质体系（the cornell net carbohydrate and protein system，CNCPS）因测定指标多，分析过程复杂，难以在牧草生产实践中推广（Razligi et al.，2011；陈光吉 等，2015）。而由美国科研工作者提出的相对饲用价值（relative feed value，RFV）的评价方法，因其指标简明、易于获取、评价快速、结果准确，在生产上具有较高的实用性，也是美国目前唯一广泛使用的粗饲料质量评定指数，吴发莉等（2014）、陈艳等（2015）采用该方法对部分饲草饲用价值进行了评价，均获得了准确、合理的结果。因此，采用 RFV 科学、准确地分析紫花苜蓿的饲用价值极具现实意义。

刈割对牧草的影响很大，尤其对禾草的影响较大。适宜的刈割期和留茬高度，能够促进牧草的再生和分蘖，增加产草量，改善营养价值；过度的刈割则会损害牧草正常的生长发育，降低产草量，缩短寿命。在相同的肥力条件下，刈割次数增多，混播牧草种间的竞争关系趋于减弱，草地群落稳定性增强（程积民 等，1996；樊江文，1997）。研究表明，初花期单位面积营养物质含量最高，比较适合刈割，本研究中苜蓿样本就是在苜蓿初花期采样。

第一节　试验设计及试验方法

一、试验设计

同第三章。

二、测定指标与方法

（一）粗蛋白含量

采用凯氏定氮法测定。将各处理所有称过干重的植株地上及地下部分粉碎并过 0.5 mm 的筛，准确称取植物样品 0.5 g 左右（精确至 0.0002 g）装入消煮管的底部，加入 5 mL 的浓硫酸，摇匀静置过夜，在消煮炉上先小火加热，待消煮管冒白烟后再逐步升高温度，当溶液消煮至均匀的棕黑色时取下，稍冷后滴加双氧水 3~6 滴，继续消煮，重复数次直至溶液呈现无色或变为清亮，再加热大约 10 min（除去消煮管中剩余的 H_2O_2），取下并冷却，用蒸馏水将消煮液转入 100 mL 的容量瓶中，并将消煮管及漏斗冲洗 3 遍以上，定容至刻度。用凯式蒸馏瓶进行蒸馏，用 2% 的 H_3BO_3 指示剂吸取蒸馏出的氨，蒸馏 5 min 后，用盐酸标准溶液进行滴定，通过消耗的盐酸体积计算粗蛋白含量，每个处理 3 次重复，公式如下：

$$粗蛋白含量（\%）= \frac{(V_1-V_0) \times N \times 0.014 \times 6.25}{W \times (\frac{100-r}{100})} \times \frac{V_2}{V_3} \times 100$$

式中：V_0—空白滴定时盐酸的用量，mL；V_1—样品滴定时盐酸的用量，mL；V_2—消化液定容的体积，mL；V_3—蒸馏时吸收消化液的体积，mL；N—盐酸标准溶液，mol/L；W—样品的风干重量，g；r—风干样品的含水百分率；0.014—氮的毫克当量，g；6.25—氮换算为蛋白质的系数。

（二）酸性洗涤纤维含量

采用 Van Soest 法测定。尼龙袋称重记为 W_2，再称取 0.5g 左右样品记为 W 装入袋中，每个样品做 3 个重复；在距滤袋口 0.5 cm 处封口，自制尼龙滤袋用尼龙线将口扎紧。每个样品按 100 mL 加入酸性洗涤液（2% 十六烷三甲基溴化铵），15 个样品共加入酸性洗涤液 1500 mL。将酸性洗涤液加热至溶液微沸时，将装有样品的滤袋放入溶液中微沸，1 h，将滤袋取出用水洗净，取出尼龙袋轻轻挤压使水流出，置于 250 mL 烧杯中，加入丙酮没过样品，浸泡 2~3 min 取出；然后轻轻挤压样品使丙酮流出，风干样品。待丙酮挥发干净后将样品放置于温度 105 ℃ 的烘箱中干燥 2 h，取出置于干燥器中降温至室温后进行称重，记为 W_1。

计算方法：

$$酸性洗涤纤维含量（\%）= \frac{W_1-W_2}{W} \times 100$$

式中：W_1—尼龙袋+酸性洗涤纤维质量，g；W_2—尼龙袋质量，g；W—样品质量，g。

（三）中性洗涤纤维含量

采用 Van Soest 法测定。尼龙袋称重记为 W_2，再称取 0.5 g 左右样品记为 W 装入袋中，每个样品做 3 个重复；在距滤袋口 0.5 cm 处封口，自制尼龙滤袋用尼龙线将口扎紧。每个样品按 100 mL 加入中性洗涤液（3%十二烷基硫酸钠），15 个样品共加入中性洗涤液 1500 mL。将中性洗涤液加热至溶液微沸时，将装有样品的滤袋放入溶液中微沸，1 h，将滤袋取出用水洗净，取出尼龙袋轻轻挤压使水流出，置于 250 mL 烧杯中，加入丙酮没过样品，浸泡 2~3 min 取出；然后轻轻挤压样品使丙酮流出，风干样品。待丙酮挥发干净后将样品放置于温度 105 ℃ 的烘箱中干燥 2 h，取出置于干燥器中降温至室温后进行称重，记为 W_1。

计算方法：

$$中性洗涤纤维含量（\%） = \frac{W_1 - W_2}{W} \times 100$$

式中：W_1—尼龙袋+酸性洗涤纤维质量，g；W_2—尼龙袋质量，g；W—样品质量，g。

（四）粗脂肪含量

称取试样 1~5 g（精至 0.0002 g）于滤纸筒中，或用滤纸包好，放入 105 ℃烘箱中，烘干 120 min，（或称水分后的干试样，折算成风干样品重）。滤纸筒应高于提取器虹吸管的高度，滤纸包长度应以可全部浸泡于乙醚中为准，将滤纸包或滤纸筒放入抽提管，在抽提瓶中加入无水乙醚 60~100 mL，在 60~75 ℃ 的水浴上加热，使乙醚回流，控制乙醚回流次数为每小时约 10 次，共回流约 50 次，含油高的试样约 70 次，或检查抽提管流出的乙醚挥发后不留下油迹为抽提终点。取出试样，仍用原提取器回收乙醚直至抽提瓶全部收完，取下抽提瓶，在水浴上蒸去残留乙醚，擦拭干净瓶外壁，将抽提瓶放入（105±2）℃烘箱中烘干 120 min，干燥器中冷却 30 min 称重，再烘干 30 min，同样冷却称重，两次重量之差小于 0.001 g 为恒重。

计算方法：

$$粗脂肪（\%）=（m_2-m_1）\times100/m$$

式中：m—风干试样的重量，g；m_1—已恒重的抽提瓶重量，g；m_2—已恒重的盛有脂肪的抽提瓶的重量，g。

（五）相对饲用价值

相对饲用价值（relative feeding values，RFV）：采用美国牧草草地理事会饲草分析小组委员会提出的粗饲料相对值（陈谷和邰建辉，2010）。其关系式：RFV =DMI（%BW）XDDM（%DM）/1.29，式中：DMI（dry matter intake）为粗饲料干物质采食量，单位为占体重的百分比，即%BW；DDM（digestible dry matter）为可消化的干物质，单位为%DM。

DMI 与 DDM 的预测模型分别为：

DMI（%BW）= 120/NDF（%DM）；

DDM（%DM）= 88.9-0.779ADF（%DM）。

第二节 苜蓿-禾草混播方式对混播组分饲用价值的影响

一、苜蓿-禾草混播对混播组分酸性洗涤纤维含量的影响

3 种禾草处理下，头茬 A3 处理的禾草酸性洗涤纤维含量显著低于 A2 处理（表4-1）（$P<0.05$，下同），头茬苜蓿酸性洗涤纤维含量在各处理下无显著差异（$P>0.05$，下同）；二茬禾草酸性洗涤纤维含量各处理间无显著差异，二茬 3 个处理的苜蓿酸性洗涤纤维含量之间无显著差异。三茬禾草和苜蓿酸性洗涤纤维含量 3 个处理下无极显著差异（$P<0.01$，下同）。

表4-1　禾草种类对混播组分酸性洗涤纤维含量的影响　单位：%

混播组分	禾草种类	头茬	二茬	三茬
禾草	A1	28.43±3.66abA	29.02±5.59aA	28.03±3.57aA
	A2	29.04±3.35aA	28.83±5.34aA	28.55±4.67aA
	A3	25.55±4.16bA	29.33±3.52aA	29.20±3.02aA
苜蓿	A1	28.77±2.57aA	25.77±9.96bB	36.50±3.94aA
	A2	29.59±2.82aA	30.44±5.88aAB	36.92±2.93aA
	A3	29.42±2.91aA	34.41±5.28aA	36.68±4.40aA

　　不同混播比例处理下，头茬禾草和苜蓿酸性洗涤纤维含量各处理无显著差异（表4-2）。二茬禾草酸性洗涤纤维含量 B3 处理最小，显著低于 B1、B2 处理；二茬 B4 处理苜蓿酸性洗涤纤维含量显著高于其他处理，B1、B2、B3 处理间无显著差异。三茬 B1 和 B2 处理禾草酸性洗涤纤维含量显著高于 B3、B4 处理；三茬苜蓿各处理酸性洗涤纤维含量无显著差异。

表4-2　混播比例对混播组分酸性洗涤纤维含量的影响　单位：%

混播组分	混播比例	头茬	二茬	三茬
禾草	B1	26.45±4.93aA	30.31±5.09aA	30.55±2.98aA
	B2	28.30±4.28aA	31.40±4.43aA	30.69±2.54aA
	B3	27.06±3.68aA	25.30±4.20bA	26.91±4.18bAB
	B4	28.88±2.78aA	29.23±3.52abA	26.22±3.08bB
苜蓿	B1	29.30±2.38aA	30.52±6.09abA	35.95±4.16aA
	B2	29.74±2.38aA	27.78±11.35bA	36.86±3.03aA
	B3	28.26±2.33aA	28.04±6.54bA	35.98±2.74aA
	B4	29.75±2.13aA	34.48±6.10aA	38.03±4.77aA

　　不同混播组合处理下，头茬 A2B2 处理禾草酸性洗涤纤维含量显著高于 A3B1 处理（表4-3）；头茬苜蓿酸性洗涤纤维含量各处理无显著差异。二茬 A1B1 处理禾草酸性洗涤纤维含量极显著高于

A1B3 处理；二茬 A1B4 和 A3B2 处理苜蓿酸性洗涤纤维含量极显著高于 A1B2 和 A2B3 处理。三茬 A2B1 禾草酸性洗涤纤维显著高于 A1B4、A2B3、A2B4 和 A3B4 等处理，与 A1B3 处理间无显著差异；三茬苜蓿酸性洗涤纤维含量各处理无显著差异。

表 4-3 混播组合对混播组分酸性洗涤纤维含量的影响　　单位：%

混播组分	混播组合	头茬	二茬	三茬
禾草	A1B1	28.87±4.27abA	34.17±4.32aA	28.68±2.88abcAB
	A1B2	29.06±5.12abA	30.01±5.14abA	30.22±2.04abAB
	A1B3	26.29±4.14abA	24.65±5.79bA	27.49±4.35abcAB
	A1B4	29.50±1.70abA	27.27±4.37abA	25.74±4.77bcAB
	A2B1	28.34±5.03abA	26.55±5.62abA	33.12±3.10aA
	A2B2	30.44±2.09aA	32.50±6.86abA	31.25±2.95abAB
	A2B3	29.33±1.67abA	25.95±3.84abA	22.87±2.67cB
	A2B4	28.06±4.89abA	30.30±4.42abA	26.96±0.07bcAB
	A3B1	22.16±3.47bA	30.21±3.15abA	29.86±1.33abAB
	A3B2	25.40±4.75abA	31.69±0.37abA	30.61±3.48abAB
	A3B3	25.55±4.70abA	25.31±4.60abA	30.36±1.02abAB
	A3B4	29.08±1.53abA	30.12±1.54abA	25.96±3.74bcAB
苜蓿	A1B1	29.56±1.75aA	25.81±7.14bcdABC	37.77±6.16aA
	A1B2	29.05±5.05aA	13.54±2.79eC	35.82±3.15aA
	A1B3	28.04±2.07aA	25.40±2.34cdABC	34.90±3.64aA
	A1B4	28.43±1.26aA	38.31±4.60aA	37.53±3.97aA
	A2B1	30.78±1.49aA	30.51±5.07abcdAB	35.08±2.43aA
	A2B2	27.49±3.04aA	32.04±4.06abcdAB	35.99±2.63aA
	A2B3	27.77±2.60aA	24.15±6.25bC	37.30±2.48aA
	A2B4	32.32±0.84aA	35.06±3.67abAB	39.31±3.61aA
	A3B1	27.55±3.04aA	35.25±2.22abAB	35.01±4.22aA
	A3B2	32.67±2.05aA	37.75±3.25aA	38.76±3.42aA
	A3B3	28.97±3.07aA	34.55±5.44abAB	35.73±2.47aA
	A3B4	28.51±0.96aA	30.07±7.90abcdAB	37.24±7.65aA

二、苜蓿–禾草混播对混播组分中性洗涤纤维含量的影响

如表4–4所示，3种禾草处理下，混播牧草三茬各处理间中性洗涤纤维含量无显著差异。

表4–4　禾草种类对混播组分中性洗涤纤维含量的影响　　单位：%

混播组分	禾草种类	头茬	二茬	三茬
禾草	A1	53.84±3.14aA	53.98±3.95bA	52.27±3.74aA
	A2	55.43±4.80aA	58.23±3.63aA	50.34±4.83aA
	A3	52.54±3.61aA	55.84±3.83abA	48.66±3.73aA
苜蓿	A1	46.47±3.87aA	49.37±2.75aA	53.58±1.56aA
	A2	44.85±3.23aA	49.04±3.49aA	51.50±3.18aA
	A3	45.89±3.45aA	49.22±3.61aA	52.23±4.28aA

不同混播比例处理下，头茬B2处理禾草中性洗涤纤维含量极显著高于B1处理（表4–5）；头茬苜蓿中性洗涤纤维含量各处理无显著差异。二茬各处理禾草中性洗涤纤维含量无显著差异；二茬B2处理苜蓿中性洗涤纤维含量极显著高于B1处理，B2、B3、B4处理间无显著差异。三茬B3处理禾草中性洗涤纤维含量显著高于B2处理；三茬苜蓿各处理中性洗涤纤维含量无显著差异。

表4–5　混播比例对混播组分中性洗涤纤维含量的影响　　单位：%

混播组分	混播比例	头茬	二茬	三茬
禾草	B1	51.68±4.07bB	56.88±4.11aA	49.91±4.74abA
	B2	56.27±4.59aA	56.42±4.04aA	49.05±5.32bA
	B3	53.48±3.32abAB	56.21±4.59aA	53.00±4.01aA
	B4	54.31±2.91abAB	54.54±3.94aA	49.75±1.74abA

（续表）

混播组分	混播比例	头茬	二茬	三茬
苜蓿	B1	46.26±3.24aA	47.53±2.50bA	53.17±3.13aA
	B2	46.88±4.17aA	51.10±2.69aA	52.97±3.16aA
	B3	43.54±2.92aA	48.41±3.36abA	50.39±3.14aA
	B4	46.28±3.07aA	49.79±3.47abA	53.23±3.12aA

　　不同混播组合处理下，头茬 A2B2 处理禾草中性洗涤纤维含量极显著高于 A1B1 和 A3B1 处理（表4-6），头茬 A1B2 处理苜蓿中性洗涤纤维含量显著高于 A2B3 处理；二茬禾草和苜蓿中性洗涤纤维含量处理间无显著差异；三茬 A1B3 和 A2B3 处理禾草中性洗涤纤维含量极显著高于 A2B1 和 A3B2 处理，三茬 A3B4 处理苜蓿中性洗涤纤维含量显著高于 A3B3 处理。

表4-6　混播组合对混播组分中性洗涤纤维含量的影响　　单位：%

混播组分	混播组合	头茬	二茬	三茬
禾草	A1B1	52.72±1.24bcB	56.68±4.68aA	52.50±5.72aAB
	A1B2	54.42±4.93bAB	53.27±4.38aA	52.85±3.49aAB
	A1B3	53.28±4.46bcAB	52.58±4.07aA	54.99±0.56aA
	A1B4	54.96±1.90bAB	53.37±3.56aA	48.75±1.26abcABC
	A2B1	54.36±3.37bAB	58.76±3.36aA	45.06±1.78bcBC
	A2B2	60.88±2.77aA	59.43±3.74aA	50.63±4.71abABC
	A2B3	52.98±4.73bcAB	58.58±3.25aA	54.15±6.11aA
	A2B4	53.50±4.96bcAB	56.14±5.21aA	51.54±0.12aABC
	A3B1	47.98±4.53cB	55.20±4.99aA	52.17±1.06aABC
	A3B2	53.51±1.96bcAB	56.56±1.92aA	43.67±3.20cC
	A3B3	54.19±0.83bAB	57.48±5.14aA	49.85±2.01abcABC
	A3B4	54.49±1.99bAB	54.12±4.00aA	48.97±1.81abcABC

（续表）

混播组分	混播组合	头茬	二茬	三茬
苜蓿	A1B1	45. 79±4. 05abA	49. 15±2. 39aA	54. 52±1. 76abA
	A1B2	49. 01±5. 77aA	50. 74±3. 91aA	53. 49±0. 76abA
	A1B3	43. 94±1. 53abA	48. 36±2. 37aA	52. 64±2. 09abA
	A1B4	47. 13a±3. 09bA	49. 21±3. 24aA	53. 67±1. 61abA
	A2B1	45. 30±4. 42abA	46. 36±3. 38aA	53. 67±3. 32abA
	A2B2	44. 77±3. 44abA	50. 43±0. 69aA	51. 20±3. 92abA
	A2B3	42. 72±3. 67bA	48. 04±5. 24aA	49. 91±2. 93abA
	A2B4	46. 62±0. 89abA	51. 31±2. 15aA	50. 96±2. 71abA
	A3B1	47. 68±1. 13abA	47. 08±1. 27aA	51. 06±3. 84abA
	A3B2	46. 84±3. 30abA	52. 13±3. 26aA	54. 20±4. 09abA
	A3B3	43. 97±4. 10abA	48. 83±3. 41aA	48. 62±3. 71bA
	A3B4	45. 07±4. 89abA	48. 84±5. 27aA	55. 07±4. 00aA

三、苜蓿-禾草混播对混播组分中粗蛋白含量的影响

粗蛋白含量是牧草饲用品质的重要指标，蛋白含量高，牧草饲用价值也高。3 种禾草处理下，头茬禾草各处理的粗蛋白含量无显著差异（表4-7），头茬 A3 处理的苜蓿粗蛋白含量较 A1 处理高 10. 17%，显著高于 A1 和 A2 处理；二茬 A3 处理的禾草粗蛋白含量较 A2 处理高 14. 02%，较 A1 处理高 10. 68%，A3 处理的禾草粗蛋白含量极显著高于 A1 和 A2 处理，二茬 3 个处理的苜蓿粗蛋白含量无显著差异；三茬 3 个处理的禾草粗蛋白含量无显著差异；3 个处理的苜蓿粗蛋白含量无显著差异。由此可见，禾草种类对头茬苜蓿粗蛋白含量的影响较大，对二茬禾草的粗蛋白含量影响较小，对三茬禾草和苜蓿的粗蛋白含量无显著影响。

表4-7 禾草种类对混播组分中粗蛋白含量的影响 单位:%

混播组分	禾草种类	头茬	二茬	三茬
	A1	13.99±1.04aA	12.64±1.08bB	9.18±1.53aA
禾草	A2	14.51±1.44aA	12.27±1.12bB	8.62±0.67aA
	A3	14.75±1.24aA	13.99±0.92aA	8.81±1.25aA
	A1	15.34±0.78bB	14.09±0.88aA	12.06±1.11aA
苜蓿	A2	15.79±0.85bAB	14.28±1.69aA	12.92±1.38aA
	A3	16.90±1.15aA	14.35±1.12aA	12.02±1.66aA

不同混播比例处理下，头茬 B1 处理草禾草粗蛋白含量极显著高于 B3 处理（表4-8），较含量最低的 B3 处理高 12.15%；头茬各处理苜蓿粗蛋白含量无显著差异。二茬苜蓿和禾草各处理粗蛋白含量差异不显著。三茬 B2 处理禾草粗蛋白含量极显著高于 B3 和 B4 处理，较含量最低的 B3 处理高 18.64%；三茬 B3 处理苜蓿粗蛋白含量显著高于 B1 和 B2 处理，较含量最低的 B2 处理高 13.57%。这可能与三茬草刈割时期的气候条件有关，头茬和三茬的刈割时期温度较低，温差较大，形成的牧草间粗蛋白等含量受到其他环境的影响较大，在温度较高的时期，牧草的粗蛋白含量受到其他因素影响较小。

表4-8 混播比例对混播组分粗蛋白含量的影响 单位:%

混播组分	混播比例	头茬	二茬	三茬
	B1	15.42±1.09aA	13.11±1.51aA	9.26±0.99aAB
禾草	B2	14.42±1.23abAB	12.88±0.58aA	9.74±1.38aA
	B3	13.75±1.24bB	12.94±1.88aA	8.21±0.71bB
	B4	14.08±0.96bAB	12.92±0.86aA	8.27±0.97bB
	B1	16.18±0.75aA	14.52±1.25aA	11.94±1.32bA
苜蓿	B2	15.91±1.33aA	14.30±1.06aA	11.72±1.32bA
	B3	16.21±1.37aA	13.78±1.63aA	13.31±1.32aA
	B4	15.75±1.10aA	14.36±1.04aA	12.36±1.32abB

不同混播组合处理下，头茬 A3B1 处理禾草粗蛋白含量显著高于 A2B2 和 A1B3 处理（表4-9），与其他处理间无显著差异，其中 A3B1 处理最高，较含量最小的 A1B3 处理高 21.88%，头茬 A3B3 处理苜蓿粗蛋白含量显著高于 A1B2 、A1B3 、A1B4 和 A2B3 处理，与其他处理间无显著差异，其中 A3B3 处理粗蛋白含量最高，较粗蛋白含量最小的 A1B2 处理高 18.74%；二茬 A3B3 处理禾草粗蛋白含量极显著高于 A1B2、A1B3、A2B4 和 A2B1 处理，二茬苜蓿粗蛋白含量各处理无显著差异；三茬 A1B2 处理禾草粗蛋白含量显著高于其他处理，较含量最低的 A3B4 处理高 52.94%，三茬苜蓿粗蛋白含量各处理无极显著差异。

表4-9　混播组合对混播组分粗蛋白含量的影响　　　单位:%

混播组分	混播组合	头茬	二茬	三茬
禾草	A1B1	14.71±0.74abcA	13.62±0.12abcABC	9.17±0.32bcBC
	A1B2	14.34±1.18abcA	12.48±0.79cdBC	11.44±0.16aA
	A1B3	12.98±0.88cA	11.43±1.28dC	7.91±0.79cdBC
	A1B4	13.92±0.84abcA	13.04±0.42abcdABC	8.21±0.83cdBC
	A2B1	15.73±1.71abA	11.33±0.66dC	8.70±0.87bcdBC
	A2B2	13.57±1.06bcA	12.94±0.31bcdABC	8.82±0.19bcdBC
	A2B3	14.47±1.26abcA	12.69±3.10bcdABC	7.83±0.12cdC
	A2B4	14.28±1.46abcA	12.11±0.49cdBC	9.12±0.50bcBC
	A3B1	15.82±0.38aA	14.38±1.06abAB	9.91±1.38bAB
	A3B2	15.34±1.08abA	13.23±0.43abcABC	8.95±1.04bcdBC
	A3B3	13.81±1.44abcA	14.71±0.63aA	8.90±0.54bcdBCD
	A3B4	14.02±0.88abcA	13.62±0.91abcABC	7.48±0.91dC

（续表）

混播组分	混播组合	头茬	二茬	三茬
苜蓿	A1B1	15.93±0.38abcAB	14.19±0.63aA	11.33±0.52abA
	A1B2	14.89±0.83cB	14.19±0.60aA	12.1±1.25abA
	A1B3	15.33±1.04bcAB	14.10±0.30aA	13.16±1.10aA
	A1B4	15.22±0.75bcAB	13.89±1.83aA	11.61±0.91abA
	A2B1	15.65±0.63abBC	14.45±2.26aA	11.96±1.58abA
	A2B2	16.04±1.03abcAB	14.35±0.89aA	12.42±1.29abA
	A2B3	15.61±0.83bcAB	13.73±2.98aA	13.52±0.02aA
	A2B4	15.84±1.29abcAB	14.60±0.50aA	13.79±1.70aA
	A3B1	16.94±0.55abAB	14.92±0.63aA	12.54±1.77abA
	A3B2	16.79±1.60abcAB	14.36±1.82aA	10.62±0.47bA
	A3B3	17.68±0.90aA	13.52±1.18aA	13.25±1.08aA
	A3B4	16.21±1.39abcAB	14.59±0.45aA	11.69±2.18abA

四、苜蓿-禾草混播方式对混播组分相对饲用价值的影响

3 种禾草处理下，头茬 A3 处理的禾草相对饲用价值显著高于 A2 处理（表 4-10），其中 A3 处理相对饲用价值较 A2 处理高 9.62%，头茬苜蓿处理相对饲用价值无显著差异。二茬和三茬禾草相对饲用价值各处理无显著差异，二茬 A1 处理的苜蓿相对饲用价值较 A3 处理高 9.84%，显著高于 A3 处理。三茬苜蓿相对饲用价值在 3 个处理下无显著差异。

表 4-10　禾草种类对混播组分相对饲用价值的影响

混播组分	禾草种类	头茬	二茬	三茬
禾草	A1	115.80±10.33abA	115.01±13.49aA	119.87±9.79aA
	A2	112.21±13.14bA	106.65±11.21aA	123.99±11.67aA
	A3	123.00±14.36aA	110.57±9.90aA	127.20±11.86aA

（续表）

混播组分	禾草种类	头茬	二茬	三茬
苜蓿	A1	133.99±12.70aA	129.93±15.44aA	105.10±7.15aA
	A2	137.22±11.38aA	124.13±11.31abA	109.04±8.82aA
	A3	134.56±13.22aA	118.29±15.67bA	108.18±11.82aA

不同混播比例处理下，头茬 B1 处理禾草相对饲用价值极显著高于 B2 处理（表4-11）；头茬苜蓿、二茬和三茬禾草和苜蓿各处理的相对饲用价值无显著差异。

表4-11　播种比例对混播组分相对饲用价值的影响

混播组分	混播比例	头茬	二茬	三茬
禾草	B1	123.97±16.23aA	107.35±11.27aA	122.10±10.43aA
	B2	111.48±14.22bA	106.88±11.67aA	124.64±15.31aA
	B3	118.44±10.33abA	115.22±11.51aA	119.83±10.81aA
	B4	114.12±9.23abA	113.53±12.39aA	128.17±7.03aA
苜蓿	B1	133.41±9.62aA	127.53±8.53aA	107.02±10.68aA
	B2	131.49±14.85aA	122.92±19.16aA	105.99±7.29aA
	B3	143.47±11.14aA	129.28±11.77aA	112.70±7.21aA
	B4	132.65±10.42aA	116.73±16.08aA	104.05±10.80aA

不同混播组合处理下，头茬 A3B1 处理禾草相对饲用价值极显著高于 A1B4 和 A2B2 处理（表4-12），头茬苜蓿相对饲用价值各处理间无显著差异；二茬禾草处理间相对饲用价值无极显著差异，A1B3 处理相对饲用价值极显著高于 A2B2 处理，二茬 A1B2 处理苜蓿相对饲用价值极显著高于 A1B4、A2B4、A3B2 处理；三茬 A3B2 处理禾草相对饲用价值显著高于 A1B2、A1B3、A3B1 处理，与其他处理无显著差异，三茬苜蓿相对饲用价值各处理间无显著差异。

表 4-12 混播组合对混播组分相对饲用价值的影响

混播组分	混播组合	头茬	二茬	三茬
禾草	A1B1	117.14±4.65bAB	102.79±11.90abA	118.73±12.24abA
	A1B2	114.30±17.50bcAB	115.23±15.88abA	115.23±4.89bA
	A1B3	120.15±13.93bAB	123.53±8.28aA	114.18±6.84bA
	A1B4	111.60±2.14bcB	118.50±13.66abA	131.32±5.20abA
	A2B1	114.78±12.03bcAB	108.30±11.17abA	130.50±10.34abA
	A2B2	99.78±6.77cB	99.75±9.94bA	119.54±15.40abA
	A2B3	116.75±13.24bAB	109.45±11.08abA	123.40±17.52abA
	A2B4	117.55±16.39bAB	109.11±15.77abA	122.53±0.37abA
	A3B1	139.98±17.51aA	110.96±13.78abA	117.08±4.24bA
	A3B2	120.37±11.02bAB	105.66±3.24abA	139.16±13.72aA
	A3B3	118.44±6.99bAB	112.69±13.24abA	121.90±6.35abA
	A3B4	113.23±6.28bcAB	112.96±10.59abA	130.66±9.95abA
苜蓿	A1B1	134.56±13.07aA	130.47±13.84abcAB	101.69±11.26aA
	A1B2	127.35±21.59aA	144.35±14.49aA	106.03±2.94aA
	A1B3	142.00±4.97aA	133.01±3.17abcAB	109.11±5.48aA
	A1B4	132.05±7.58aA	111.89±9.24cdB	103.56±8.34aA
	A2B1	134.17±13.74aA	130.74±2.46abcAB	106.47±7.79aA
	A2B2	140.59±9.04aA	117.96±6.91bcdAB	111.06±10.75aA
	A2B3	146.98±10.16aA	136.08±5.79abAB	111.89±9.83aA
	A2B4	127.15±3.61aA	111.76±7.06cdB	106.73±10.92aA
	A3B1	131.51±1.62aA	121.39±2.92abcdAB	112.90±13.19aA
	A3B2	126.53±12.17aA	106.47±8.86dB	100.89±3.31aA
	A3B3	141.44±18.46aA	118.76±15.95bcdAB	117.09±5.64aA
	A3B4	138.76±16.17aA	126.54±26.13abcdAB	101.86±16.11aA

第三节 讨论与结论

豆科与禾本科牧草混播，利用豆科根瘤菌的固氮作用，提高土壤肥力，改善饲草的营养品质，这是在牧草栽培实践中经常使用的种植技术，很多理论研究和实践也证明了这一点（兰兴平 等，2004；李佶恺 等，2011；张越利 等，2012）。通常混播草地中如果禾本科牧草所占的比例较大，饲草品质会有所降低；反之，随着豆科饲草比例增加，饲草的粗蛋白含量呈增加趋势（何玮 等，2006；Kyriazopoulos et al.，2013），这与本研究的结果一致，在 4 种牧草混播模式下，随着豆科类牧草混播比例的增加，禾草粗蛋白含量也随之增加。本研究中，禾草比例最高的 B3 处理中粗蛋白含量要低于适中比例的 B1、B2 处理，禾草比例高和低均不利于禾草蛋白质含量的积累，而紫花苜蓿种植比例越低或者越高，其蛋白质含量相对较高。说明氮素的供应对禾草及苜蓿蛋白质的合成均存在一个适宜范围，也就是说有个阈值，氮素的供应越高或者不足均不利于蛋白质的积累与合成。

传统的中国苜蓿干草单方面追求产量的最大化，而没有考虑单位面积的营养物质的最大化，由于片面追求产量使我国的苜蓿质量大多比较差。近年来，奶牛和肉牛在农业产业中地位的提升，使人们对饲用牧草的认识由量转变到质上，但单一的蛋白总量指标也不足以说明牧草营养的有效性，牧草营养价值主要取决于蛋白质、矿物质和纤维素含量的多少，蛋白质和矿物质含量越高，纤维含量越低，牧草的营养价值就越高。其中中性洗涤纤维和酸性洗涤纤维能够定量草食家畜的粗饲料采食量，反映出牧草的相对饲用价值，也是评价牧草营养价值必不可少的要素。

目前对于饲草营养价值的评定主要是 Weende 和 Van Soest 体系，Weende 概略养分分析法是饲料营养价值评定的基础，但不能很好地评定饲料的纤维成分。Van Soest 在其基础上建立了饲草洗涤剂分析体系，对纤维成分进行了更为细致的划分。但反刍动物具有特殊的消化道结构及消化生理，仅根据化学分析不能说明动物对饲料的消化利用情况，因而不能真实反映饲料的营养价值。一般而言，饲料中粗蛋白含量高，而中性洗涤纤维和酸性洗涤纤维含量较低时营养价值较高，另外，牧草纤维化程度决定着其适口性，可影响家畜的采食量。因此，应从蛋白质、中性洗涤纤维和酸性洗涤纤维等指标，并结合相对饲用价值评价法对紫花苜蓿的营养价值进行全面分析，科学评价。相对饲用价值的评价方法是对中性洗涤纤维与酸性洗涤纤维的综合反映，是饲料质量的评定指数，其值越高，说明牧草的营养价值越高（杨茜萌 等，2010）。

本研究中，3 种禾草的酸性洗涤纤维及中性洗涤纤维仅在头茬草的酸性洗涤纤维中出现差异，其他茬次及处理均未见显著差异，说明混播并没有显著降低禾草的纤维含量，除紫花苜蓿仅在第二茬的无芒雀麦酸性洗涤纤维出现含量显著小于其他处理外，其余茬次及禾草种类均表现为差异不显著，说明紫花苜蓿和无芒雀麦混播方式在降低牧草纤维含量方面要优于披碱草及䅟草，这也是众多科研人员更加专注于紫花苜蓿与无芒雀麦混播研究的原因之一。本研究相对饲用价值处理禾草组分头茬草䅟草要优于其他两种牧草，对苜蓿的影响是无芒雀麦组合优于其他两个组合，在混播比例上，B1处理禾草，B3 组合紫花苜蓿相对饲用价值优于其他混合处理，粗蛋白含量和相对饲用价值呈现一致的趋势，可见，豆科与禾本科牧草混播有利于提高草地营养品质，牧草粗蛋白含量越高牧草相对饲喂价值则越高（王龙然 等，2023）。这可能是因为豆科饲草中含有较高的粗蛋白和较低的酸性洗涤纤维与中性洗涤纤维含量，而禾本科饲草则含碳水化合物和粗纤维含量较多，二者进行混播可有效提高饲草品质（冯廷旭 等，2023）。这也可能与各牧草所处的生育期不同有关，研究表明牧草在不同生育期内其营养成分含量变化较大（裴彩霞 等，2002），这与牧草自身的遗传学和对环境的适应性有关（候伟峰 等，2023），本研究刈割采样均是按照紫花苜蓿初花期进行，禾草很可能处在不同的时期，牧草营养指标可能存在变化，并且仅能体现混播草地播种翌年情况，缺乏对牧草生长发育的连续性观测。

禾草种类对混播牧草酸性洗涤纤维和中性洗涤纤维含量影响不显著，对头茬苜蓿粗蛋白含量的影响较大，对二茬、三茬禾草和三茬苜蓿的粗蛋白含量无显著影响，二茬禾草不同混播组合 A3B3 处理粗蛋白含量极显著高于 A1B2、A1B3、A2B4 和 A2B1 处理。各混播组合中 A3B1（头茬）和 A3B2（三茬）处理禾草的中性洗涤纤维含量相对较低。

第五章　苜蓿-禾草混播组合光合特性研究

光合作用是植物生长发育过程中重要的生化过程，决定干物质的积累。它对作物的影响比其他因子更为突出，是比较作物生长速率快慢的重要指标。净光合速率可以直接表达植物光合作用的强弱，反映植株合成有机物的能力，间接反映了植物体内营养物质的积累量；蒸腾速率是衡量植物叶片蒸腾和气孔开放程度的重要指标；水分利用效率可以反映植物在干旱环境下的适应能力和生长潜力（李敏 等，2018；李小磊 等，2005）。光合作用是植物生物量积累的基础，通过一系列化学反应，将光能转化为供植物利用的化学能储存在植物体内，为植物正常生长发育提供养分基础（Eiji et al.，2012）。磷素主要参与植物光合作用中的光合产物的合成、运输、转化等过程，调节一些关键酶的活性，还有研究表明，低磷胁迫会降低叶绿素含量，从而降低光合速率（黄小辉 等，2022；Wu et al.，2021），额外增加磷素能够提高植物的叶绿素和可溶性蛋白的含量，进而提高植物的光合速率（赵琛迪 等，2021），植物在低磷胁迫条件下将影响其正常生长，降低净光合速率、荧光产量、电子传递速率等，进而抑制叶片的光合作用（夏钦 等，2010）。

Hirohumi 等（2012）通过设置不同施磷水平对棉花的研究发现，棉花叶片的光合速率和气孔导度随着施磷量的增加而上升。李进等（2019）通过对甘蔗施加磷肥的研究发现，甘蔗叶绿素含量和净光合速率均随着施磷量的增加显著上升，且各施磷处理均显著高于空白对照，但在高磷和低磷胁迫下甘蔗蒸腾速率和气孔导度均未显著增加，说明适量供磷可以显著提高植株叶绿素含量和净光合速率。朱隆静等（2005）研究发现，低磷胁迫显著降低了番茄叶片净光合速率、气孔导度，升高了胞间 CO_2 浓度，抑制番茄的正常生长发育；彭然等（2019）研究发现，各施磷处理条件下紫花苜蓿叶片的净光合速率、气孔导度、蒸腾速率均高于不施磷处理，但叶片胞间 CO_2 浓度随磷肥的施加而降低。

第一节　试验设计及试验方法

一、试验设计

试验设计同第三章。

二、试验方法

选择天气晴朗的上午08：00—10：00，采用美国 LI-COR 公司研发的 LI-6400XT 便携式光合仪和其搭载的 2 cm^2 叶室，在第二茬初花期（紫花苜蓿）随机选取生长良好、高度相同且光照相似的相同叶位处的叶片，测定净光合速度、蒸腾速度、胞间 CO_2 浓度、气孔导度等指标，采用红蓝光源人工补光，光强度为 1000 μmol/（$m^2 \cdot s$）。每个处理选取 3 片叶子取其平均值。

叶绿素含量测定参照白宝璋（1993）方法。将样品混匀剪碎，准确称取 0.1000 g 于磨塞试管中，用 10 mL 95% 的无水乙醇液浸泡提取，避光放置，直到叶片发白后（大约 24 h）再测定吸光度值。

第二节　苜蓿-禾草混播组合对叶片光合特性的影响

一、苜蓿-禾草混播组合对净光合速率的影响

（一）禾草种类对净光合速率的影响

禾草种类对净光合速率有影响（图 5-1），从禾草种类看，无

论混播组合中的禾草和紫花苜蓿，均表现为 A1、A2 处理差异不显著（$P>0.05$，下同），极显著高于 A3 处理（$P<0.01$，下同）。

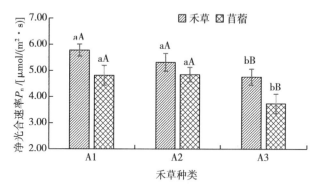

图 5-1　禾草种类对播种草地净光合速率的影响

（二）混播比例对净光合速率的影响

从混播比例看（图 5-2），禾草处理 B2 处理最大，显著高于 B4 及 B1 处理（$P<0.05$，下同），极显著高于 B1 处理，苜蓿处理净光合速率 B2、B3、B4 处理差异不显著（$P>0.05$，下同），极显著高于 B1 处理，整体看来，B1 处理草地净光合速率最低，光合能力较差。

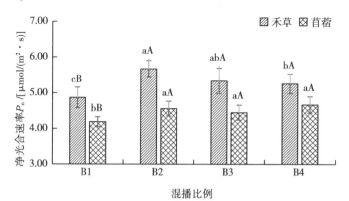

图 5-2　混播比例对混播草地净光合速率的影响

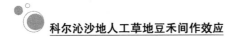

（三）各处理对净光合速率的影响

如表5-1所示，各组合净光合速率存在差异，从禾草来看，A2B2处理净光合速率最高，与A1B3、A1B4处理相比差异不显著，极显著高于其他处理，A3B1处理最小，与A2B4、A3B3处理相比差异不显著。从苜蓿分析，A2B3、A1B4、A1B2处理净光合速率较大，3个处理差异不显著，A3B1、A3B3、A3B4处理较小，显著小于其他各处理。因此可以看出，A3处理苜蓿净光合速率较低，苜蓿光合能力受抑制。

表5-1　各处理对光合速率的影响

单位：$\mu mol/（m^2 \cdot s）$

处理	禾草	苜蓿
A1B1	5.24±0.07bcB	4.51±0.28bcA
A1B2	5.62±0.16bB	5.06±0.35abA
A1B3	6.12±0.48aA	4.26±0.41cB
A1B4	6.15±0.47aA	5.43±0.47aA
A2B1	5.25±0.56bcB	4.68±0.38bA
A2B2	6.21±0.49aA	4.42±0.59bcA
A2B3	5.29±0.78bB	5.48±0.32aA
A2B4	4.51±0.38cC	4.83±0.11bA
A3B1	4.12±0.53cC	3.39±0.67dC
A3B2	5.19±0.33bcB	4.21±0.58cB
A3B3	4.62±0.53cC	3.62±0.11dC
A3B4	5.11±0.26bcB	3.75±0.12dC

二、苜蓿-禾草混播组合对气孔导度的影响

(一)禾草种类对气孔导度的影响

如图 5-3 所示,禾草种类气孔导度未见差异,混播草地苜蓿气孔导度 A1 处理显著高于其他两个处理,A2、A3 处理差异不显著。

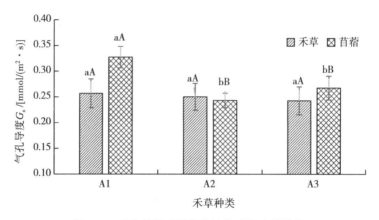

图 5-3　禾草种类对播种草地气孔导度的影响

(二)混播比例对气孔导度的影响

混播比例对气孔导度影响如图 5-4 所示,混播草地禾草 B1 处理气孔导度最大,与 B4 处理相比差异不显著,显著高于 B3、B2 处理,B3、B2 处理间差异不显著。混播草地紫花苜蓿 B3 处理气孔导度最大,与 B4 处理相比差异不显著,显著高于 B1、B2 处理。B1、B2 处理间差异不显著。

(三)各处理对气孔导度的影响

混播组合对气孔导度有显著影响(表 5-2)。混播草地禾草 A3B1 处理气孔导度最大,其次为 A1B1、A1B4 处理,3 个处理差异不显著,显著高于其他处理,各处理中,A3B2 处理气孔导度最

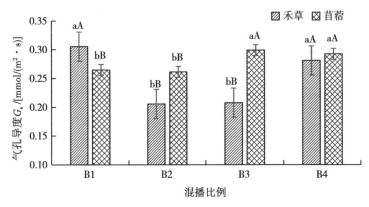

图 5-4　混播比例对混播草地气孔导度的影响

小，较 A3B1 处理低 98.8%。混播草地紫花苜蓿 A1B2 处理气孔导度最大，与 A1B1、A1B3、A1B4、A3B3 处理相比差异不显著。最小的处理为 A2B2 与 A3B2 处理相比差异不显著，显著低于其他处理。

表 5-2　各处理对气孔导度的影响

单位：mmol/（m² · s）

处理	禾草	苜蓿
A1B1	0.323±0.049aA	0.309±0.049abA
A1B2	0.185±0.048cC	0.346±0.052aA
A1B3	0.198±0.039cC	0.333±0.055aA
A1B4	0.321±0.044aA	0.321±0.044aA
A2B1	0.249±0.046bB	0.248±0.058cB
A2B2	0.259±0.049bB	0.210±0.068dB
A2B3	0.215±0.054bcB	0.237±0.058cB
A2B4	0.278±0.064bB	0.278±0.033bAB

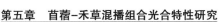

（续表）

处理	禾草	苜蓿
A3B1	0.344±0.038aA	0.237±0.048cB
A3B2	0.173±0.048cC	0.228±0.041cdB
A3B3	0.210±0.041bcBC	0.327±0.052aA
A3B4	0.244±0.047bB	0.278±0.068bAB

三、苜蓿-禾草混播组合对胞间 CO_2 浓度的影响

（一）禾草种类对胞间 CO_2 浓度的影响

禾草种类对胞间 CO_2 浓度的影响较小（图5-5），除混播草地紫花苜蓿 A1 处理显著小于其他处理外，其余处理差异均不显著。

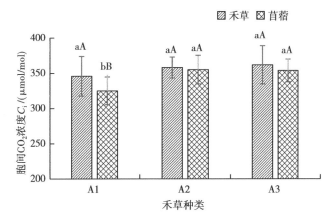

图 5-5　禾草种类对播种草地胞间 CO_2 浓度的影响

（二）混播比例对胞间 CO_2 浓度的影响

混播比例对胞间 CO_2 浓度有影响（图5-6）。混播草地禾草 B2

处理最低，极显著低于其他 3 个处理，B1、B3、B4 处理差异不显著。混播草地紫花苜蓿 B1 处理胞间 CO_2 浓度最高，显著高于其他处理，其次为 B2 处理，B3、B4 处理最低，二者差异不显著。

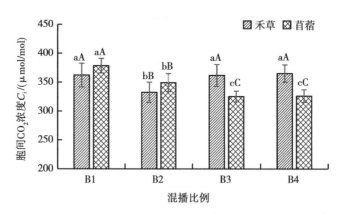

图 5-6 混播比例对混播草地胞间 CO_2 浓度的影响

（三）各处理对胞间 CO_2 浓度的影响

混播组合对胞间 CO_2 浓度有显著影响（表 5-3）。混播草地禾草 A3B3、A2B1 处理胞间 CO_2 浓度最大，显著高于 A1B1、A1B2、A1B3、A2B2、A2B3、A3B2 等处理，较最低处理 A3B2 高 20.8%。混播草地紫花苜蓿胞间 CO_2 浓度 A3B1 处理最大，极显著高于 A1B3、A1B4 处理，与其他处理相比差异不显著。

表 5-3 各处理对胞间 CO_2 浓度的影响　单位：$\mu mol/mol$

处理	禾草	苜蓿
A1B1	328.8±50.3cB	376.4±57.8aA
A1B2	334.7±32.5bcB	316.4±44.2bAB
A1B3	344.0±56.8bB	304.2±58.4bB

（续表）

处理	禾草	苜蓿
A1B4	376.4±32.3abA	303.8±38.4bB
A2B1	395.3±34.4aA	373.3±75.9aA
A2B2	335.5±24.6bcB	363.3±55.7aA
A2B3	345.7±41.2bB	335.8±76.3abA
A2B4	356.2±48.7abA	348.2±43.5aA
A3B1	362.5±51.6abA	385.5±54.2aA
A3B2	327.3±40.4cB	367.8±66.9aA
A3B3	395.4±37.2aA	335.8±22.3abA
A3B4	362.5±39.1abA	326.6±40.9abA

四、苜蓿-禾草混播组合对蒸腾速率的影响

（一）禾草种类对蒸腾速率的影响

如图5-7所示，混播草地禾草蒸腾速率A3处理显著高于A1、A2处理，混播草地紫花苜蓿A2处理最大，与A3处理相比差异不显著，显著高于A1处理。

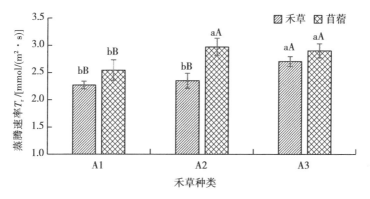

图5-7　禾草种类对播种草地蒸腾速率的影响

（二）混播比例对蒸腾速率的影响

混播比例对蒸腾速率有影响（图 5-8），混播草地禾草 B1、B3 处理差异不显著，显著高于 B2、B4 处理，B2、B4 处理间差异不显著。混播草地紫花苜蓿 B1、B4 处理相比差异不显著，显著高于 B2、B3 处理，B2、B3 处理间差异不显著。

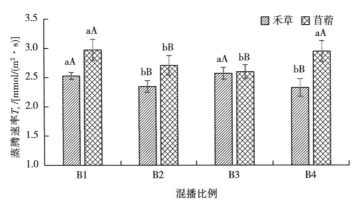

图 5-8　混播比例对混播草地蒸腾速率的影响

（三）各处理对蒸腾速率的影响

由表 5-4 可知，混播草地禾草 A3B3 处理蒸腾速率最大，其次是 A3B2 处理，显著高于 A1B2、A1B3、A2B4 处理，A1B3 最低，较 A3B3 处理低了 43.1%，其次为 A2B2 处理。混播草地紫花苜蓿蒸腾速率 A2B1 处理最高，其次为 A2B4 处理，显著高于 A1B2、A1B3、A1B4、A2B3 处理，较最低的 A1B3 处理提高了 43.8%。

表 5-4　各处理对蒸腾速率的影响　　单位：μmol/mol

处理	禾草	苜蓿
A1B1	2.57±0.04abA	2.89±0.14bAB

（续表）

处理	禾草	苜蓿
A1B2	2.17±0.12bcB	2.44±0.21cB
A1B3	2.04±0.08cB	2.33±0.17cB
A1B4	2.30±0.04bAB	2.52±0.25bcB
A2B1	2.47±0.05bAB	3.35±0.17aA
A2B2	2.08±0.11cB	2.81±0.19bcAB
A2B3	2.75±0.21aA	2.52±0.23bcB
A2B4	2.10±0.31bcB	3.21±0.20aA
A3B1	2.54±0.08abA	2.68±0.24bcAB
A3B2	2.79±0.08aA	2.87±0.12bAB
A3B3	2.92±0.11aA	2.94±0.07abA
A3B4	2.58±0.09abA	3.12±0.08aA

第三节　苜蓿–禾草混播组合对叶片光合色素含量的影响

一、苜蓿–禾草混播组合对叶绿素 a 含量的影响

如表 5–5 所示，3 种禾草处理下，头茬草禾草组分 A2 处理叶绿素 a 含量最高，与 A3 处理相比差异不显著，显著高于 A1 处理，苜蓿组分 A3 处理最高，显著高于 A1、A2 处理，A1、A2 处理间差异不显著。二茬草禾草组分 A3 处理叶绿素 a 含量最高，显著高于 A1、A2 处理，极显著高于 A1 处理。紫花苜蓿组分各处理间无差异。三茬草禾草组分 A3 处理叶绿素 a 含量最高，显著高于其他处理。苜蓿组分 A3 处理最高，与 A2 处理相比差异不显著，显著高于 A1 处理。

表 5-5　禾草种类对混播组分叶绿素 a 含量的影响　单位：mg/g

混播组分	禾草种类	头茬	二茬	三茬
禾草	A1	2.63±0.14bB	1.66±0.03cB	1.48±0.03bB
	A2	2.88±0.13aA	1.71±0.05bAB	1.46±0.05bB
	A3	2.86±0.17aA	1.85±0.04aA	1.63±0.03aA
苜蓿	A1	1.35±0.13bB	1.91±0.15aA	1.76±0.12bB
	A2	1.38±0.11bB	1.91±0.16aA	1.90±0.12aA
	A3	1.50±0.17aA	1.94±0.19aA	1.92±0.16aA

　　不同混播比例草地禾草及苜蓿叶绿素 a 含量存在差异（表 5-6），头茬草禾草组分叶绿素 a 含量 B1 处理最大、与 B2 处理相比差异不显著，显著高于 B3、B4 处理。B3 处理最低，显著低于其他各处理。混播苜蓿组分 B2、B4 处理间差异不显著，显著高于 B1、B3 处理。二茬草禾草组分 B2 处理最高，显著高于其他 3 个处理，苜蓿组分各处理间差异不显著。三茬草禾草组分 B3 处理叶绿素 a 含量最高，与 B2 处理相比差异不显著，极显著高于 B4 处理。苜蓿组分 B3 处理叶绿素 a 含量最低，极显著低于其他 3 个处理，其他 3 个处理间差异不显著。总体分析，禾草及苜蓿组分 B2 处理叶绿素 a 含量最高。

表 5-6　混播比例对混播组分叶绿素 a 含量的影响　单位：mg/g

混播组分	混播比例	头茬	二茬	三茬
禾草	B1	2.97±0.17aA	1.69±0.03cB	1.48±0.06bAB
	B2	2.90±0.12aA	1.84±0.07aA	1.53±0.06aA
	B3	2.55±0.21cC	1.70±0.06bB	1.61±0.03aA
	B4	2.74±0.09bB	1.73±0.03bB	1.46±0.03bB
苜蓿	B1	1.38±0.15bB	1.90±0.19aA	1.92±0.17aA
	B2	1.45±0.16aA	1.92±0.18aA	1.91±0.15aA
	B3	1.37±0.15bB	1.91±0.2aA	1.76±0.13bB
	B4	1.45±0.09aA	1.95±0.1aA	1.83±0.07aA

如表5-7所示，头茬草禾草组分叶绿素 a 含量 A2B4 处理最高，较最低 A1B3 处理高 42.5%，显著高于 A1B3、A1B4、A2B3、A3B4 处理，与其他处理相比差异不显著。苜蓿组分 A3B1 处理叶绿素 a 含量最高，显著高于 A1B1、A1B3、A1B4、A2B1 处理，较最低 A1B1 处理高出 34.7%。二茬草禾草组分叶绿素 a 含量 A3B3 处理最高，显著高于 A1B3、A1B4、A2B1、A2B3、A3B1 处理。较最低 A1B4 处理高出 28.3%。苜蓿组分叶绿素 a 含量 A3B4 处理最高，显著高于 A1B1、A2B3、A3B1 处理，这 3 个处理间差异不显著。三茬草，禾草组分叶绿素 a 含量 A3B3 处理最高，与 A1B3、A3B1、A3B2 处理相比差异不显著，显著高于其他处理，A2B1 处理叶绿素 a 含量最低，低于 A3B3 处理 23.7%。苜蓿组分 A2B4 处理叶绿素 a 含量最高，显著高于 A1B3、A1B4、A2B3 处理，与其他处理相比差异不显著。

表5-7　混播组合对混播组分叶绿素 a 含量的影响　单位：mg/g

混播组分	混播组合	头茬	二茬	三茬
禾草	A1B1	2.93±0.19aA	1.77±0.02bA	1.42±0.07cB
	A1B2	2.87±0.09abA	1.78±0.02bA	1.49±0.04bB
	A1B3	2.21±0.22cB	1.57±0.06cB	1.57±0.01abA
	A1B4	2.51±0.21bB	1.52±0.04cB	1.43±0.05bcB
	A2B1	2.89±0.14abA	1.56±0.06cB	1.39±0.09cB
	A2B2	2.81±0.11abA	1.89±0.14aA	1.45±0.09bcB
	A2B3	2.65±0.23bB	1.58±0.05cB	1.54±0.05bB
	A2B4	3.15±0.15aA	1.81±0.00abA	1.44±0.05bcB
	A3B1	3.08±0.17aA	1.75±0.01bB	1.63±0.04aA
	A3B2	3.03±0.15aA	1.84±0.05aA	1.66±0.03aA
	A3B3	2.78±0.18abA	1.95±0.08aA	1.72±0.03aA
	A3B4	2.56±0.16bB	1.86±0.14aA	1.51±0.07bB

（续表）

混播组分	混播组合	头茬	二茬	三茬
苜蓿	A1B1	1.21±0.17cB	1.87±0.17bB	1.82±0.18bA
	A1B2	1.57±0.16aA	1.91±0.20abA	1.94±0.15aA
	A1B3	1.34±0.17bB	1.94±0.17aA	1.63±0.15cB
	A1B4	1.27±0.15bB	1.92±0.18abA	1.61±0.14cB
	A2B1	1.29±0.10bB	1.96±0.20aA	1.98±0.17aA
	A2B2	1.34±0.15abA	1.89±0.18abAB	1.86±0.14bA
	A2B3	1.39±0.12abA	1.87±0.20bB	1.75±0.12cB
	A2B4	1.51±0.21aA	1.93±0.22aA	1.99±0.17aA
	A3B1	1.63±0.18aA	1.87±0.18bB	1.96±0.16aA
	A3B2	1.43±0.18abA	1.95±0.16aA	1.93±0.18aA
	A3B3	1.39±0.15abA	1.93±0.21aA	1.91±0.13abA
	A3B4	1.56±0.19aA	1.99±0.19aA	1.87±0.12bA

二、苜蓿-禾草混播组合对叶绿素 b 的影响

如表 5-8 所示，3 种禾草处理下，头茬草禾草组分 A2 处理叶绿素 b 含量最高，与 A3 处理相比差异不显著，极显著高于 A1 处理，苜蓿组分 A3 处理最高，极显著高于 A1、A2 处理，A1、A2 处理间差异不显著。二茬草禾草组分 A3 处理叶绿素 b 含量最高，3 个处理间均表现为差异极显著。紫花苜蓿组分各处理间均差异不显著。三茬草禾草组分 A3 处理叶绿素 b 含量最高，显著高于其他处理。苜蓿组分 A3 处理最高，与 A2 处理相比差异不显著，极显著高于 A1 处理。

表 5-8　禾草种类对混播组分叶绿素 b 的影响　　　单位：mg/g

混播组分	禾草种类	头茬	二茬	三茬
禾草	A1	0.875±0.059bB	0.528±0.006cC	0.476±0.008bB
	A2	0.942±0.057aA	0.554±0.006bB	0.468±0.006bB
	A3	0.923±0.069abAB	0.608±0.004aA	0.528±0.003aA
苜蓿	A1	0.424±0.014bB	0.628±0.016aA	0.568±0.012bB
	A2	0.443±0.011bB	0.629±0.015aA	0.599±0.012abAB
	A3	0.488±0.017aA	0.628±0.019aA	0.622±0.016aA

　　不同混播比例草地禾草及苜蓿叶绿素 b 含量存在差异（表 5-9），头茬草禾草组分叶绿素 b 含量 B1 最大、与 B2 处理相比差异不显著，显著高于 B3、B4 处理，极显著高于 B3 处理，B3 处理最低。混播苜蓿组分 B2、B4 处理间差异不显著，显著高于 B1、B3处理。二茬草禾草组分叶绿素 b 含量 B2 处理最高，显著高于其他3 个处理，其次为 B3 处理，B1、B4 处理间差异不显著。苜蓿组分B4 处理叶绿素 b 含量最高，极显著高于 B1 处理，与 B2 处理相比差异不显著。三茬草禾草组分 B3 处理叶绿素 b 含量最高，显著高于其他处理。苜蓿组分 B2 处理叶绿素 b 含量最高，显著高于其他处理，B3 处理叶绿素 b 含量最低，显著低于其他 3 个处理。

表 5-9　混播比例对混播组分叶绿素 b 的影响　　　单位：mg/g

混播组分	混播比例	头茬	二茬	三茬
禾草	B1	0.968±0.072aA	0.548±0.003cC	0.477±0.005bB
	B2	0.946±0.066aA	0.596±0.008aA	0.494±0.008bB
	B3	0.848±0.076bB	0.561±0.010bB	0.520±0.010aA
	B4	0.892±0.036bAB	0.549±0.004cC	0.470±0.004bB

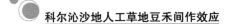

（续表）

混播组分	混播比例	头茬	二茬	三茬
苜蓿	B1	0.443±0.014bB	0.616±0.018bB	0.603±0.016bB
	B2	0.465±0.017aA	0.633±0.020aAB	0.620±0.014aA
	B3	0.441±0.015bB	0.621±0.020bAB	0.571±0.014cC
	B4	0.458±0.009aA	0.643±0.009aA	0.592±0.008bB

如表 5-10 所示，头茬草禾草组分叶绿素 b 含量 A2B4 处理最高，较最低 A1B3 处理高 34.3%，显著高于 A1B3、A1B4、A2B3、A3B4 处理，与其他处理相比差异不显著。苜蓿组分 A3B1 处理叶绿素 b 含量最高，显著高于 A1B1、A1B3、A1B4、A2B1、A2B2、A2B3、A3B3 处理，较最低 A1B4 处理高出 41.6%。二茬草禾草组分叶绿素 b 含量 A3B3 处理最高，与 A2B2、A2B4、A3B2、A3B4 处理相比差异不显著，显著高于其他处理。较最低 A1B4 处理高出 45.9%。苜蓿组分叶绿素 b 含量 A2B4 处理最高，显著高于 A1B1、A1B4、A2B2、A2B3、A3B1 处理。三茬草，禾草组分叶绿素 b 含量 A3B3 处理最高，显著高于 A1B1、A1B4、A2B1、A2B2、A2B4 处理，A2B1 处理叶绿素 b 含量最低，低于 A3B3 处理 25.4%。苜蓿组分 A2B4 处理最高，与 A1B2、A3B1、A3B2、A3B3 相比差异不显著，显著高于其他处理，A1B4 处理最低，两者相差 22.9%。

表 5-10　混播组合对混播组分叶绿素 b 的影响　　单位：mg/g

混播组分	混播组合	头茬	二茬	三茬
禾草	A1B1	0.975±0.072aA	0.573±0.002bB	0.458±0.007cB
	A1B2	0.955±0.069aA	0.578±0.007bB	0.480±0.017bA
	A1B3	0.735±0.077dC	0.505±0.017cC	0.505±0.013abA
	A1B4	0.835±0.076cB	0.458±0.004cC	0.460±0.005cB
	A2B1	0.963±0.074aA	0.503±0.006cC	0.445±0.009cB

（续表）

混播组分	混播组合	头茬	二茬	三茬
禾草	A2B2	0.935±0.066abA	0.615±0.014aA	0.465±0.004cB
	A2B3	0.883±0.078cB	0.510±0.005cC	0.498±0.012bA
	A2B4	0.987±0.070aA	0.588±0.007bA	0.463±0.005cB
	A3B1	0.966±0.070aA	0.568±0.001bB	0.528±0.001aA
	A3B2	0.949±0.064abA	0.595±0.005abA	0.538±0.004aA
	A3B3	0.925±0.073bA	0.668±0.008aA	0.558±0.003aA
	A3B4	0.853±0.071cB	0.603±0.014abA	0.488±0.016bA
苜蓿	A1B1	0.388±0.015dD	0.601±0.017bB	0.590±0.014bB
	A1B2	0.505±0.019aA	0.653±0.020aA	0.630±0.016aA
	A1B3	0.430±0.017cB	0.630±0.022abA	0.528±0.014cC
	A1B4	0.373±0.017dD	0.623±0.020bB	0.525±0.015cC
	A2B1	0.413±0.010cC	0.638±0.017aA	0.583±0.018bcB
	A2B2	0.430±0.015cB	0.613±0.018bB	0.603±0.012bB
	A2B3	0.445±0.012bB	0.605±0.020bB	0.565±0.012cB
	A2B4	0.485±0.021abA	0.660±0.019aA	0.645±0.017aA
	A3B1	0.528±0.018aA	0.605±0.018bB	0.635±0.017aA
	A3B2	0.460±0.018abA	0.633±0.021abA	0.628±0.015aA
	A3B3	0.448±0.015bB	0.628±0.018abA	0.620±0.018aA
	A3B4	0.515±0.016aA	0.645±0.016aA	0.605±0.013bB

三、苜蓿-禾草混播组合对叶绿素总量的影响

如表5-11所示，3种禾草处理下，头茬草禾草组分A2处理叶绿素总量最高，与A3处理相比差异不显著，显著高于A1处理，在$P<0.01$水平下，差异均不显著。苜蓿组分A3处理最高，极显

著高于 A1、A2 处理，A1、A2 处理间差异不显著。二茬草禾草组分 A3 处理叶绿素总量最高，显著高于 A1、A2 处理，极显著高于 A1 处理。紫花苜蓿组分各处理间均差异不显著。三茬草禾草组分 A3 处理叶绿素总量最高，显著高于 A2 处理，与 A1 处理相比差异不显著。苜蓿组分 A3 处理最高，与 A2 处理相比差异不显著，显著高于 A1 处理。

表 5-11　禾草种类对混播组分总叶绿素的影响　单位：mg/g

混播组分	禾草种类	头茬	二茬	三茬
	A1	3.50±0.32bA	2.11±0.29bB	1.90±0.17abAB
禾草	A2	3.83±0.36aA	2.22±0.22bAB	1.87±0.15bB
	A3	3.82±0.26aA	2.43±0.06aA	2.11±0.27aA
	A1	1.70±0.10bB	2.54±0.10aA	2.27±0.19bB
苜蓿	A2	1.77±0.15bB	2.52±0.19aA	2.40±0.19aA
	A3	1.95±0.22aA	2.51±0.13aA	2.49±0.20aA

　　不同混播比例草地禾草及苜蓿叶绿素总量存在差异（表 5-12），头茬草禾草组分叶绿素总量 B1 处理最大，与 B2、B4 处理相比差异不显著，显著高于 B3 处理。B3 处理最低。混播苜蓿组分各处理间差异不显著。二茬草禾草组分 B2 处理最高，与 B3、B4 处理相比差异不显著，显著高于 B1 处理，苜蓿组分各处理间差异不显著。三茬草禾草组分 B3 处理叶绿素总量最高，与 B1、B2 处理相比差异不显著，极显著高于 B4 处理。苜蓿组分 B3 处理叶绿素总量最低，极显著低于其他 3 个处理，其他 3 个处理间差异不显著。

表 5-12　混播比例对混播组分总叶绿素的影响　单位：mg/g

混播组分	混播比例	头茬	二茬	三茬
禾草	B1	3.95±0.26aA	2.19±0.21bB	1.91±0.22aA
	B2	3.87±0.36aA	2.38±0.19aA	1.98±0.24aA
	B3	3.39±0.44bB	2.24±0.38abA	2.08±0.22aA
	B4	3.65±0.32abA	2.2±0.08abAB	1.88±0.10bB
苜蓿	B1	1.77±0.12aA	2.46±0.17aA	2.41±0.22aA
	B2	1.86±0.17aA	2.57±0.16aA	2.48±0.19aA
	B3	1.76±0.25aA	2.48±0.08aA	2.28±0.29bB
	B4	1.83±0.08aA	2.57±0.11aA	2.37±0.15aA

如表 5-13 所示，头茬草禾草组分叶绿素总量 A2B4 处理最高，较最低 A1B3 处理高 42.9%，显著高于 A1B3、A1B4、A2B3、A3B4 处理，与其他处理相比差异不显著。苜蓿组分 A3B1 处理叶绿素总量最高，显著高于 A1B1、A1B4、A2B1 处理，与其他处理相比差异不显著，较最低 A1B4 处理高出 41.6%。二茬草禾草组分叶绿素总量 A3B3 处理最高，显著高于 A1B3、A1B4、A2B1、A2B3 处理，较最低的 A1B4 处理高出 45.9%。苜蓿组分叶绿素总量 A1B2 处理最高，显著高于 A1B1、A2B3、A3B1 处理，这 3 个处理间差异不显著。三茬草，禾草组分叶绿素总量 A3B3 处理最高，显著高于 A1B1、A1B4、A2B1、A2B2 处理，与其他处理相比差异不显著，A2B1 处理叶绿素总量最低。苜蓿组分 A2B4 处理叶绿素总量最高，极显著高于 A1B3、A1B4 处理，与其他处理相比差异不显著。

表 5-13　混播组合对混播组分总叶绿素的影响　单位：mg/g

混播组分	混播组合	头茬	二茬	三茬
禾草	A1B1	3.9±0.39aA	2.29±0.46abAB	1.83±0.153bB
	A1B2	3.82±0.37aA	2.31±0.32abA	1.92±0.247abA
	A1B3	2.94±0.12cC	2.02±0.50bB	2.02±0.200aA
	A1B4	3.34±0.74bB	1.83±0.16cC	1.84±0.247bB
	A2B1	3.85±0.14aA	2.01±0.15bB	1.78±0.210bB
	A2B2	3.74±0.52abA	2.46±0.19aA	1.86±0.172bA
	A2B3	3.53±0.86bB	2.04±0.55bAB	1.99±0.234aA
	A2B4	4.20±0.29aA	2.35±0.23abA	1.85±0.130bB
	A3B1	4.11±0.26aA	2.27±0.02abAB	2.11±0.282aA
	A3B2	4.04±0.19aA	2.38±0.07aA	2.15±0.302aA
	A3B3	3.70±0.33abA	2.67±0.10aA	2.23±0.234aA
	A3B4	3.41±0.91bB	2.41±0.07aA	1.95±0.229abA
苜蓿	A1B1	1.55±0.15cB	2.42±0.12bB	2.36±0.221bA
	A1B2	2.02±0.03aA	2.73±0.04aA	2.52±0.173aA
	A1B3	1.72±0.25bA	2.52±0.04abA	2.11±0.306cB
	A1B4	1.49±0.09cB	2.49±0.31abAB	2.10±0.270cB
	A2B1	1.65±0.09bB	2.55±0.22aA	2.33±0.244bA
	A2B2	1.72±0.24bA	2.45±0.26abAB	2.41±0.235abA
	A2B3	1.78±0.22abA	2.42±0.18bB	2.26±0.293bcAB
	A2B4	1.94±0.22aA	2.64±0.27aA	2.58±0.178aA
	A3B1	2.11±0.13aA	2.42±0.16bB	2.54±0.196aA
	A3B2	1.84±0.25aA	2.53±0.19abA	2.51±0.150aA
	A3B3	1.79±0.29abA	2.51±0.03abA	2.48±0.264aA
	A3B4	2.06±0.18aA	2.58±0.08aA	2.42±0.424aA

四、苜蓿–禾草混播组合对类胡萝卜素的影响

如表 5–14 所示，3 种禾草处理下，头茬草禾草组分 A2 处理类胡萝卜素含量最高，各处理间均表现为差异显著。苜蓿组分 A3 处理最高，显著高于 A1 处理，与 A2 处理相比差异不显著。二茬草禾草组分 A3 处理类胡萝卜素含量最高，显著高于 A2 处理，与 A1 处理相比差异不显著。紫花苜蓿组分 A3 处理最高，显著高于 A1、A2 处理，A1、A2 处理间差异不显著。三茬草禾草组分 A3 处理类胡萝卜素含量最高，显著高于 A1、A2 处理，A1、A2 处理间差异不显著。苜蓿组分 A3 处理最高，显著高于其他 2 个处理。各处理间在 $P<0.05$ 水平差异显著。

表 5–14　禾草种类对混播组分类胡萝卜素的影响　　单位：mg/g

混播组分	禾草种类	头茬	二茬	三茬
禾草	A1	0.200±0.014cC	0.220±0.008abAB	0.185±0.012bB
	A2	0.230±0.011aA	0.208±0.006bB	0.183±0.01bB
	A3	0.215±0.018bB	0.245±0.014aA	0.233±0.02aA
苜蓿	A1	0.175±0.011cB	0.255±0.016bB	0.228±0.011cB
	A2	0.213±0.013bAB	0.258±0.014bB	0.243±0.011bB
	A3	0.230±0.018aA	0.273±0.019aA	0.278±0.017aA

不同混播比例草地禾草及苜蓿类胡萝卜素含量存在差异（表 5–15），头茬草禾草组分 B3 处理类胡萝卜素含量最小、极显著小于其他处理，其他处理间差异不显著。混播苜蓿组分 B2 处理含量最高，显著高于其他各处理，各处理间在 $P<0.01$ 水平差异不显著。二茬草禾草组分 B2 处理最高，显著高于其他各处理，苜蓿组分各处理间差异不显著。三茬草禾草组分 B3 处理类胡萝卜素含量最高，与 B2 处理相比差异不显著，显著高于 B1、B4 处理。苜蓿

组分 B2 处理类胡萝卜素含量最高, 与 B1 处理相比差异不显著,
显著高于 B3、B4 处理。

表 5-15 混播比例对混播组分类胡萝卜素的影响 单位: mg/g

混播组分	混播比例	头茬	二茬	三茬
禾草	B1	0.227±0.014aA	0.220±0.011bB	0.187±0.012bB
	B2	0.220±0.014aA	0.243±0.013aA	0.203±0.020aA
	B3	0.197±0.018bB	0.217±0.01bB	0.227±0.014aA
	B4	0.217±0.01aA	0.217±0.005bB	0.183±0.009bB
苜蓿	B1	0.203±0.014bB	0.260±0.018aA	0.260±0.016aA
	B2	0.223±0.015aA	0.257±0.018aA	0.273±0.015aA
	B3	0.203±0.018bB	0.263±0.019aA	0.233±0.014bB
	B4	0.193±0.008cB	0.267±0.010aA	0.230±0.008bB

如表 5-16 所示, 头茬草禾草组分 A2B4 处理类胡萝卜素含量
最高, 较最低的 A1B4 处理高 71.1%, 显著高于 A1B3、A1B4、
A2B2、A3B3、A3B4 处理, 与其他处理相比差异不显著。苜蓿组
分 A3B2 处理类胡萝卜素含量最高, 显著高于 A1B1、A1B3、A1B4
处理, 与其他处理相比差异不显著, 较最低的 A1B3 处理高出
60.1%。二茬草禾草组分 A1B1 处理类胡萝卜素含量最高, 显著高
于 A1B4、A2B1、A2B3 处理, 与其他处理相比差异不显著,
A1B4、A2B1、A2B3 处理间差异不显著。苜蓿组分 A3B4 处理类胡
萝卜素含量最高, 显著高于 A1B2、A2B4 处理 ($P<0.05$)。三茬草
禾草组分类胡萝卜素含量 A3B3 处理最高, 显著高于 A1B1、A1B2、
A1B4、A2B1、A2B2、A2B4 处理, 与其他处理相比差异不显著,
A2B1 处理类胡萝卜素含量最低。苜蓿组分 A3B1 处理类胡萝卜素
含量最高, 极显著高于 A1B3、A1B4 处理, 与其他处理相比差异
不显著。

表 5-16　混播组合对混播组分类胡萝卜素的影响　单位：mg/g

混播组分	混播组合	头茬	二茬	三茬
禾草	A1B1	0.235±0.019aA	0.275±0.008aA	0.173±0.007cB
	A1B2	0.214±0.011abAB	0.235±0.021abA	0.194±0.021bB
	A1B3	0.194±0.018bB	0.224±0.005bA	0.214±0.012abA
	A1B4	0.173±0.022bB	0.163±0.006cB	0.173±0.021cB
	A2B1	0.224±0.009aA	0.163±0.006cB	0.163±0.009cB
	A2B2	0.194±0.016bB	0.265±0.014aA	0.184±0.019bB
	A2B3	0.224±0.014aA	0.173±0.006cB	0.214±0.012abA
	A2B4	0.296±0.015aA	0.245±0.005aA	0.184±0.012bB
	A3B1	0.235±0.015aA	0.235±0.019abA	0.235±0.021aA
	A3B2	0.265±0.017aA	0.245±0.005aA	0.245±0.019aA
	A3B3	0.184±0.021bB	0.265±0.019aA	0.265±0.019aA
	A3B4	0.194±0.023bB	0.255±0.021aA	0.204±0.019bA
苜蓿	A1B1	0.184±0.01bB	0.255±0.018abA	0.255±0.012abA
	A1B2	0.214±0.012aA	0.235±0.017bA	0.286±0.015aA
	A1B3	0.153±0.015bB	0.275±0.022aA	0.194±0.015cB
	A1B4	0.163±0.017bB	0.275±0.021aA	0.194±0.014cB
	A2B1	0.204±0.017abAB	0.286±0.016aA	0.245±0.018abA
	A2B2	0.224±0.015aA	0.265±0.018abA	0.265±0.013aA
	A2B3	0.235±0.021aA	0.255±0.018abA	0.235±0.012bA
	A2B4	0.204±0.015abAB	0.245±0.020bA	0.245±0.014abA
	A3B1	0.235±0.016aA	0.255±0.020abA	0.296±0.017aA
	A3B2	0.245±0.018aA	0.286±0.020aA	0.286±0.016aA
	A3B3	0.235±0.019aA	0.275±0.017aA	0.286±0.017aA
	A3B4	0.224±0.018aA	0.296±0.019aA	0.265±0.018aA

第四节　讨论与结论

追求作物产量是农业生产的终极目标，要想达到增产的目的，首先需要明确产量形成的影响因素才能进行有针对性的调控。影响作物产量形成的因素有很多，如光照、水分、养分等。已有研究表明，在水、肥等其他环境因子充足的条件下，植物的光能利用率对产量的高低起到决定性作用（Kumar et al.，2005）。在豆禾混播体系中，植物光合生理差异主要取决于其地上部分对光资源的竞争能力及利用能力（徐伟洲 等，2017）。

光能利用各影响因素的综合效应的表征指标，是由冠层开度（DIFN）、叶面积指数（LAI）、PAR 截获率（FIPAR）、净光合速率（Pn）、气孔导度（Gs）、蒸腾速率（Tr）、胞间 CO_2 浓度（Ci）等各指标共同作用的结果，各指标对产量形成的贡献不同。近年来，有关光能利用率中各因素对产量的影响方面开展了众多研究，如郑金玉等（2014）和胡志辉等（2018）分别表明 Pn 和 Gs 对产量的影响最重要，Mc Intyre 等（1996）认为 DIFN 对作物产量影响最重要，张向前等（2012）发现 LAI 是与产量关联性最高的指标，目前就光能利用率众因素中对产量的影响及程度如何，研究人员各执一词。本研究团队前期研究表明，Pn 是重要的影响因素，这是因为 Pn 是光合作用强弱变化的直接反映指标，与产量形成密切相关（Nichiporovich，1961），因而其对产量的影响程度也较大。本研究表明，紫花苜蓿/无芒雀麦间作体系的净光合速度、气孔导度、胞间 CO_2 浓度高于紫花苜蓿/披碱草、紫花苜蓿/䕂草间作模式、蒸腾速率低于紫花苜蓿/披碱草、紫花苜蓿/䕂草间作模式。整体分析，紫花苜蓿：无芒雀麦为 2∶1 要优于其他比例，2∶2 比例效果较差，并且，豆禾混播对禾草的影响要明显高于苜蓿。

在光合作用过程中，叶绿素对光能的吸收传递与转化起到至关重要的作用，其含量的高低在一定程度上决定光合速率的大小

（Guendouz et al.，2005）。张雪悦等（2019）在黑麦（*Secale cereale*）产量形成光合差异的研究中表明种植密度过高会引起遮阴胁迫，从而导致叶绿素含量降低，影响叶片光合作用。蒋进等（2017）在种植密度与施肥量对小麦叶绿素含量影响的研究中发现，随着种植密度的增大，叶片叶绿素含量降低。本研究表明，不同种类禾草叶绿素含量最高的为紫花苜蓿/䅟草种植模式，最差的为紫花苜蓿/无芒雀麦模式，表明紫花苜蓿/无芒雀麦模式不需要合成更多的叶绿素来维持光合作用，提高光能利用，也反映出紫花苜蓿/无芒雀麦种植模式种间竞争较低，二者兼容性更佳。

通常来说，在间作系统中，低位作物具有适应一定弱光的特点，通过提高叶绿素的含量，尤其是叶绿素 b 的含量，以利于在弱光条件下捕获更多的光能（焦念元 等，2013）。本研究中，头茬禾草叶绿素 a、叶绿素 b、叶绿素总量、类胡萝卜素要优于苜蓿，二茬草与三茬草均是紫花苜蓿优于禾草，表明苜蓿的再生能力要优于禾草，尤其是在沙地、养分匮乏的地方，自给能力强的牧草抵抗外界不良环境的能力要强，对环境的竞争能力也要更强一些。综上所述，在科尔沁沙地少雨地区建植人工草地，光能利用率高，水分需求少，紫花苜蓿/无芒雀麦间作模式是比较理想的选择。

参考文献

艾鹏睿，马英杰，马亮，2018. 干旱区滴灌枣棉间作模式下枣树棵间蒸发的变化规律［J］. 生态学报，38（13）：4761-4769.

白宝璋，王景安，孙玉霞，等，1993. 植物生理学测试技术［M］. 北京：中国科学技术出版社：148-149.

包乌云，赵萌莉，徐军，等，2013. 苜蓿与禾本科牧草的混播效果［J］. 草业科学，30（11）：1782-1789.

蔡维华，谢遵秀，余昌姣，等，2004. 不同处理方式混播优良牧草对草地改良效果的比较［J］. 贵州畜牧兽医，28（6）：3-4.

柴强，胡发龙，陈桂平，2017. 禾豆间作氮素高效利用机理及农艺调控途径研究进展［J］. 中国生态农业学报，25（1）：19-26.

陈谷，邰建辉，2010. 美国商业应用中的牧草质量及质量标准［J］. 中国牧业通讯（11）：48-49.

陈光吉，宋善丹，郭春华，等，2015. 利用体外产气法和CNCPS法对不同生育期藕草营养价值的评价研究［J］. 草业学报，24（9）：63-72.

陈光荣，杨文钰，张国宏，等，2015. 马铃薯/大豆套作对3个大豆品种光合指标和产量的影响［J］. 应用生态学报，26（11）：3345-3352.

陈积山，朱瑞芬，高超，2013. 苜蓿和无芒雀麦混播草地种间竞争研究［J］. 草地学报，21（6）：1157-1161.

陈军强，刘培培，李小刚，等，2016. 甘南桑科高寒草原牧区牧草混播种植研究 [J]. 家畜生态学报（1）：58-62.

陈雪，黎松松，王宁欣，等，2023. 不同间作方式对小黑麦+箭筈豌豆草地种间竞争格局和生产性能的影响 [J]. 草原与草坪，43（5）：5-14.

陈艳，王之盛，张晓明，等，2015. 常用粗饲料营养成分和饲用价值分析 [J]. 草业学报，24（5）：117-125.

陈雨海，余松烈，于振文，2004. 小麦间作菠菜的边际效应与基施氮肥利用率 [J]. 植物营养与肥料学报（1）：29-33.

陈玉香，周道玮，2003. 玉米-苜蓿间作的生态效应 [J]. 生态环境，12（4）：467-468.

程积民，贾恒义，彭祥林，1996. 施肥草地植被群落结构和演替的研究 [J]. 水土保持研究（4）：124-128.

褚贵新，沈其荣，曹金留，等，2003. 旱作水稻与花生间作系统中的氮素固定与转移及其对土壤肥力的影响 [J]. 土壤学报，40（5）：717-723.

褚贵新，沈其荣，王树起，2004. 不同供氮水平对水稻/花生间作系统氮素行为的影响 [J]. 土壤学报，41（5）：789-794.

崔亮，苏本营，杨峰，等，2014. 不同玉米-大豆带状套作组合条件下光合有效辐射强度分布特征对大豆光合特性和产量的影响 [J]. 中国农业科学，47（8）：1489-1501.

邓维萍，朱美玉，曾瑜，等，2023. 葡萄间作紫罗兰对葡萄生长及果实品质的影响 [J]. 云南农业大学学报（自然科学），38（2）：241-251.

樊江文，1997. 在不同压力和干扰条件下鸭茅和黑麦草的竞争研究 [J]. 草业学报，6（3）：23-31.

范晓庆，赵心月，王钰文，等，2023. 青贮玉米和饲用油菜间作对饲草作物产量和品质的影响 [J]. 河南农业科学，52

（7）：40-51.

房增国，2004. 豆科/禾本科间作的氮铁营养效应及对结瘤固
　　氮的影响［D］. 北京：中国农业大学.

冯廷旭，德科加，向雪梅，等，2023. 三江源区小黑麦与豆科
　　饲草混播最佳组合及比例研究［J］. 西北农业学报，32
　　（2）：232-241.

冯晓敏，杨永，任长忠，等，2015. 豆科-燕麦间作对作物光
　　合特性及籽粒产量的影响［J］. 作物学报，41（9）：
　　1426-1434.

郭桂英，建波，荣风，等，2006. 小麦与花生间作改善花生铁
　　营养的效应研究［J］. 中国生态农业学报，14（1）：
　　60-62.

何纪桐，马祥，琚泽亮，等，2023. 高寒区燕麦蚕豆间作比例
　　对光合特性及地上生物量的影响［J］. 草地学报，31（8）：
　　2399-2408.

何玮，张新全，杨春华，2006. 刈割次数、施肥量及混播比例
　　对牛鞭草和白三叶混播草地牧草品质的影响［J］. 草业科
　　学（4）：39-42.

候伟峰，其格其，何刘柱，等，2023. 兴安盟8种乡土豆科牧
　　草营养成分比较研究［J］. 饲料研究，46（12）：135-138.

胡志辉，汪艳杰，张丽琴，2018. 菜用大豆施肥后荧光、光
　　谱、光合等参数对产量的预测［J］. 浙江农业学报，30
　　（8）：1355-1362.

黄小辉，夏鹰，冯大兰，等，2022. 缺磷胁迫对核桃幼苗生长
　　及生理特征的影响［J］. 土壤通报，53（3）：613-622.

蒋进，王淑荣，张连全，等，2017. 种植密度和施肥量对南麦
　　618农艺性状、叶绿素含量及产量的影响［J］. 南方农业学
　　报，48（3）：416-421.

焦念元，李亚辉，李法鹏，等，2015. 间作玉米穗位叶的光合

和荧光特性［J］. 植物生理学报, 51（7）: 1029-1037.

焦念元, 李亚辉, 杨潇, 等, 2016. 玉米/花生间作行比和施磷对玉米光合特性的影响［J］. 应用生态学报, 27（9）: 2959-2967.

焦念元, 宁堂原, 杨萌珂, 等, 2013. 玉米花生间作对玉米光合特性及产量形成的影响［J］. 生态学报, 33（14）: 4324-4330.

靳玲品, 李艳玲, 屠焰, 等, 2013. 应用康奈尔净碳水化合物-蛋白质体系评定我国北方奶牛常用粗饲料的营养价值［J］. 动物营养学报, 25（3）: 512-526.

兰兴平, 王峰, 2004. 禾本科牧草与豆科牧草混播的四大优点［J］. 四川畜牧兽医, 30（12）: 45-46.

兰玉峰, 夏海勇, 刘红亮, 等, 2010. 施磷对西北沿黄灌耕灰钙土玉米/鹰嘴豆间作产量及种间相互作用的影响［J］. 中国生态农业学报, 18（5）: 917-922.

李春明, 熊淑萍, 杨颖颖, 等, 2009. 不同肥料处理对豫麦49小麦冠层结构与产量性状的影响［J］. 生态学报, 29（5）: 2514-2519.

李东坡, 武志杰, 陈利军, 2005. 有机农业施肥方式对土壤微生物活性的影响研究［J］. 中国农业生态研究, 13（12）: 178-181.

李冬梅, 2015. 小麦/苜蓿间作的土壤微生物多样性和种间促进作用研究［D］. 哈尔滨: 东北林业大学.

李海, 2005. 苜蓿与禾本科作物间混作增产机制［D］. 呼和浩特: 内蒙古农业大学.

李佶恺, 孙涛, 旺扎, 等, 2011. 西藏地区燕麦与箭筈豌豆不同混播比例对牧草产量和质量的影响［J］. 草地学报, 19（5）: 830-833.

李进, 段婷婷, 郑超, 等, 2019. 不同供磷水平下2个甘蔗品种的光合作用及生长特征 [J]. 热带作物学报, 40 (6): 1108-1114.

李晶, 李伟忠, 吉彪, 等, 2010. 混播方式对青贮玉米产量和饲用品质的影响 [J]. 作物杂志 (3): 100-103.

李敏, 苏国霞, 熊沛枫, 等, 2018. 转多抗基因新疆大叶苜蓿光合生理特征对土壤水分变化的响应 [J]. 草业学报, 27 (11): 95-105.

李淑敏, 2004. 间作作物吸收磷的种间促进作用机制研究 [D]. 北京: 中国农业大学.

李思慧, 2019. 1961—2018 年科尔沁沙地气候变化特征 [J]. 内蒙古气象 (5): 8-10.

李小磊, 张光灿, 周泽福, 等, 2005. 黄土丘陵区不同土壤水分下核桃叶片水分利用效率的光响应 [J]. 中国水土保持科学, 3 (1): 43-47+65.

梁高森, 严清彪, 李正鹏, 等, 2023. 毛叶苕子与不同作物混播、间作对种子生产的影响 [J]. 青海大学学报, 41 (3): 59-64.

蔺芳, 2021. 紫花苜蓿/禾本科牧草间作提高其生产潜力和营养品质机理及家畜对其利用效果研究 [D]. 兰州: 甘肃农业大学.

蔺芳, 刘晓静, 童长春, 等, 2019. 4 种间作模式下牧草根系特性及其碳、氮代谢特征研究 [J]. 草业学报, 28 (9): 45-54.

刘景辉, 曾昭海, 焦立新, 等, 2006. 不同青贮玉米品种与紫花苜蓿的间作效应 [J]. 作物学报, 32 (1): 125-130.

刘均霞, 陆引罡, 远红伟, 等, 2007. 玉米/大豆间作条件下养分的高效利用机理 [J]. 山地农业生物学报, 26 (2): 105-109.

刘丽芳, 唐世凯, 熊俊芬, 等, 2006. 烤烟间套作草木樨和甘薯对烟叶含钾量及烟草病毒病的影响 [J]. 中国农学通报, 22 (8)：238-241.

刘新民, 赵哈林, 赵爱芬, 1996. 科尔沁沙地风沙环境与植被 [M]. 北京：科学出版社.

刘秀梅, 2010. 甘肃红豆草在不同生态区域的适应性 [D]. 兰州：甘肃农业大学.

刘玉华, 张立峰, 2006. 不同种植方式土地利用效率的定量评价 [J]. 中国农业科学, 39 (1)：57-60.

刘长征, 周良云, 廖沛然, 等, 2020. 何首乌-穿心莲间作对何首乌根际土壤放线菌群落结构和多样性的影响 [J]. 中国中药杂患, 45 (22)：5452-5458.

鲁富宽, 王建光, 2014. 紫花苜蓿和无芒雀麦混播草地适宜刈割高度研究 [J]. 中国草地学报, 36 (1)：49-57.

马春晖, 韩建国, 张玲, 2001. 高寒地区一年生牧草混播组合的研究 [J]. 中国草食动物 (4)：36-38.

闵星星, 马玉寿, 李世雄, 等, 2013. 施肥对青海草地早熟禾人工草地种群结构的影响 [J]. 青海畜牧兽医杂志, 31 (2)：18-19.

裴彩霞, 董宽虎, 范华, 2002. 不同刈割期和干燥方法对牧草营养成分含量的影响 [J]. 中国草地 (1)：33-38.

彭然, 曾文芳, 李亚姝, 等, 2019. 施磷对紫花苜蓿光合作用及抗蓟马的影响 [J]. 植物保护, 45 (6)：201-207.

乔寅英, 柴强, 2017. 带型及施氮水平对玉米间作豌豆群体光分布的影响 [J]. 甘肃农业大学学报, 52 (6)：33-38.

任媛媛, 王志梁, 王小林, 等, 2015. 黄土塬区玉米大豆不同间作方式对产量和经济收益的影响及其机制 [J]. 生态学报, 35 (12)：4168-4177.

沈雪峰, 方越, 董朝霞, 等, 2015. 甘蔗花生间作对甘蔗地土壤杂草种子萌发特性的影响 [J]. 生态学杂志, 34 (3)：

656-660.

宋同清，王克林，彭晚霞，等，2006. 亚热带丘陵茶园间作白三叶草的生态效应 [J]. 生态学报，26（11）：3647-3655.

孙彬杰，姜舒雅，林萱，等，2023. 木薯间作甜瓜模式对木薯生长及土壤酶活性的影响 [J]. 热带作物学报，43（11）：1-13.

孙元伟，吕陇，王琦，等，2023. 紫花苜蓿/豆科牧草间作的生态效益分析 [J]. 草地学报，31（3）：884-892.

唐秀梅，钟瑞春，蒋菁，等，2015. 木薯/花生间作对根际土壤微生态的影响 [J]. 基因组学与应用生物学，34（1）：117-124.

万里强，李向林，何峰，2011. 扁穗牛鞭草与紫花苜蓿混播草地生物量和种间竞争的动态研究 [J]. 西南农业学报，24（4）：1455-1459.

王丹，王俊杰，李凌浩，2014. 旱作条件下苜蓿与冰草不同混播方式的产草量及种间竞争关系 [J]. 中国草地学报，36（5）：27-31.

王宏勋，2023. 西瓜、辣椒、水果玉米间作套种技术 [J]. 河南农业（16）：53-54.

王洪预，2020. 东北春玉米不同种植模式比较研究 [D]. 长春：吉林大学.

王龙然，王伟，蒲小剑，等，2023. 柴达木盆地19个紫花苜蓿品种生产性能和饲用品质综合评价 [J]. 草地学报，31（10）：3136-3144.

王平，周道玮，张宝，2009. 禾-豆混播草地种间竞争与共存 [J]. 生态学报，29（5）：2560-2567.

王树起，2006. 花生与旱作水稻间作系统的氮素营养研究 [D]. 南京：南京农业大学.

王晓维，杨文亭，缪建群，等，2014. 玉米大豆间作和施氮对玉米产量及农艺性状的影响［J］. 生态学报，34（18）：5275-5282.

王心星，2015. 不同作物间套作对作物养分吸收、养分径流损失、产量和经济效益的影响［D］. 长沙：湖南农业大学.

王兴云，2023. 山东西瓜-棉花间作套种高产种植技术［J］. 农业开发与装备（8）：160-161.

王雪萍，祁娟，祁希明，等，2022. 间作行宽对玉米、高丹草青贮品质的影响［J］. 草原与草坪，42（6）：79-87.

王英俊，李同川，张道勇，等，2013. 间作白三叶对苹果/白三叶复合系统土壤团聚体及团聚体碳含量的影响［J］. 草地学报，21（3）：485-493.

王自奎，吴普特，赵西宁，等，2015. 作物间套作群体光能截获和利用机理研究进展［J］. 自然资源学报，30（6）：1057-1066.

吴发莉，王之盛，杨勤，等，2014. 甘南碌曲和合作地区冬夏季高寒天然牧草生产特性、营养成分和饲用价值分析［J］. 草业学报，23（4）：31-38.

吴姝菊，2010. 紫花苜蓿与无芒雀麦、扁穗冰草混播效果研究［J］. 中国草地学报，32（2）：15-18+46.

吴正锋，王才斌，万书波，等，2010. 弱光胁迫对花生叶片光合特性及光合诱导的影响［J］. 青岛农业大学学报（自然科学版），27（4）：277-281.

锡文林，张仁平，2009. 混播比例和刈割期对混播草地产草量及种间竞争的影响［J］. 中国草地学报，31（4）：36-40.

夏钦，何丙辉，刘玉民，等，2010. 磷胁迫对粉带扦插苗生长和生理特征的影响［J］. 水土保持学报，24（3）：228-231+242.

肖靖秀，汤利，郑毅，等，2011. 大麦/蚕豆间作条件下供氮水平对作物产量和大麦氮吸收累积的影响［J］. 麦类作物学报，31（3）：499-503.

肖靖秀，郑毅，汤利，等，2016. 间作小麦蚕豆不同生长期根际有机酸和酚酸变化 [J]. 土壤学报，53（3）：685-693.

肖秀丹，黄有成，汤星，等，2023. 不同间作方式对茶园生态环境及鲜茶叶品质的影响 [J]. 贵州农业科学，51（11）：25-32.

肖焱波，2003. 豆科/禾本科间作系统中养分竞争和氮素转移研究 [D]. 北京：中国农业大学.

肖焱波，李隆，张福锁，2005. 小麦/蚕豆间作体系中的种间相互作用及氮转移研究 [J]. 中国农业科学，38（5）：965-973.

谢开云，赵云，李向林，2013. 豆-禾混播草地种间关系研究进展 [J]. 草业学报，22（3）：284-296.

徐伟洲，邓西平，王智，等，2017. 混播白羊草和达乌里胡枝子叶片光合生理特性对水分胁迫的响应 [J]. 西北植物学报，37（6）：1155-1165.

闫庆祥，魏云霞，黄洁，等，2017. 木薯/大豆不同间作模式对木薯光合生理特性、产量的影响研究 [J]. 热带农业科学，37（12）：10-15.

杨金虎，李立军，张艳丽，等，2023. 燕麦箭筈豌豆间作及施肥对科尔沁沙地饲草产量和品质的影响 [J]. 干旱地区农业研究，41（6）：179-189.

杨长明，欧阳竹，杨林章，等，2006. 农业土地利用方式对华北平原土壤有机碳组分和团聚体稳定性的影响 [J]. 生态学报，26（12）：4148-4155.

杨志超，张永亮，石立媛，等，2018. 苜蓿-禾草混播方式对播种当年牧草抗氧化特性的影响 [J]. 草原与草坪，38（6）：27-33.

杨苗萌，2010. 紫花苜蓿营养与质量评价及市场情况 [J]. 中国乳业（5）：28-32.

叶林春，2010. 改良剂对玉米‖大豆、玉米‖豇豆植株锌铬积
　累及养分吸收的影响［D］. 雅安：四川农业大学.

于洪柱，王志锋，金春花，等，2010. 公农一号紫花苜蓿
　［J］. 新农业（6）：36-37.

占布拉，2010. 科尔沁沙地特征及科尔沁牛牧食行为对放牧制
　度的响应［D］. 呼和浩特：内蒙古农业大学.

张德，龙会英，金杰，等，2018. 豆科与禾本科牧草间作的生
　长互作效应及对氮、磷养分吸收的影响［J］. 草业学报，
　27（10）：15-22.

张东升，2018. 风沙半干旱区玉米/花生间作光能高效捕获和
　利用［D］. 北京：中国农业大学.

张桂国，董树亭，杨在宾，2011. 苜蓿+玉米间作系统产量
　表现及其种间竞争力的评定［J］. 草业学报，20（1）：
　22-30.

张红刚，2006. 蚕豆、大豆和玉米根际磷酸酶活性和有机酸差
　异及其间作磷营养效应研究［D］. 北京：中国农业大学.

张建华，马义勇，王振南，等，2006. 间作系统中玉米光合作
　用指标改善的研究［J］. 玉米科学，14（4）：104-106.

张俊丽，于洋，岳彩娟，2016. 宁夏引黄灌区麦后复种牧草品种
　筛选试验结果初报［J］. 宁夏农林科技，57（3）：16-18.

张鲜花，朱进忠，穆肖芸，等，2012. 豆科、禾本科5种牧草
　异行混播草地当年建植效果研究［J］. 新疆农业科学，49
　（6）：1142-1147.

张向前，黄国勤，卞新民，等，2012. 间作和低施氮肥对旱地
　玉米生长及产量的影响［J］. 干旱地区农业研究，30（5）：
　33-36.

张小明，来兴发，杨宪龙，等，2018. 施氮和燕麦/箭筈豌豆
　间作比例对系统干物质量和氮素利用的影响［J］. 植物营

养与肥料学报, 24 (2)：489-498.

张雪悦, 左师宇, 田礼欣, 等, 2019. 不同密度下越冬型黑麦产量形成的光合特性差异 [J]. 草业学报, 28 (3)：131-141.

张永亮, 张丽娟, 高凯, 等, 2007. 苜蓿无芒雀麦混播与单播群落总糖及氮素含量动态 [J]. 中国草地学报, 29 (3)：17-22.

张瑜, 高碧荣, 忠富, 等, 2016. 饲用小黑麦与箭舌豌豆不同混播比例的生产效应 [J]. 贵州农业科学, 44 (11)：112-114.

张越利, 2012. 燕麦生育时期、品种及与玉米的混合比例对青贮品质的影响 [D]. 杨凌：西北农林科技大学.

章家恩, 高爱霞, 徐华勤, 等, 2009. 玉米/花生间作对土壤微生物和土壤养分状况的影响 [J]. 应用生态学报, 20 (7)：1597-1602.

章伟, 2021. 黄土旱塬玉米/大豆间作体系氮素增效调控及根土响应机制 [D]. 北京：中国科学院大学 (中国科学院教育部水土保持与生态环境研究中心).

赵琛迪, 2021. 不同梯度磷添加对荆条幼苗生长发育影响的研究 [D]. 郑州：河南农业大学.

赵建华, 孙建好, 陈亮之, 等, 2019. 玉米行距对大豆/玉米间作作物生长及种间竞争力的影响 [J]. 大豆科学, 38 (2)：229-235.

赵萍, 万沁源, 李小川, 等, 2012. 不同牧草品种混播组合对株高和产量的影响 [J]. 科技与企业 (2)：197.

赵育民, 牛树奎, 王军邦, 等, 2007. 植被光能利用率研究进展 [J]. 生态学杂志, 26 (9)：1471-1477.

郑金玉, 罗洋, 郑洪兵, 等, 2014. 施氮量对利民 33 光合特性及产量的影响 [J]. 玉米科学, 22 (2)：135-138.

郑伟, 朱进忠, 加娜尔古丽, 2012. 不同混播方式豆禾混播草地生产性能的综合评价 [J]. 草业学报, 21 (6): 242-251.

郑伟, 朱进忠, 库尔班, 等, 2010. 不同混播方式豆禾混播草地种间竞争动态研究 [J]. 草地学报, 18 (4): 568-575.

朱隆静, 喻景权, 2005. 不同供磷水平对番茄生长和光合作用的影响 [J]. 浙江农业学报, 7 (3): 120-122.

左元梅, 李晓林, 王秋杰, 等, 1998. 玉米、小麦与花生间作改善花生铁营养机制的探讨 [J]. 生态学报 (5): 43-49.

左元梅, 张福锁, 2004. 不同禾本科作物与花生混作对花生根系质外体铁的累积和还原力的影响 [J]. 应用生态学报, 15 (2): 221-225.

Abdollah J, Yosef N, Fariborz H, 2014. Competition and dry matter yield in intercrops of barley and legume for Forage [J]. Albanian Joirnal of Agriculture Science, 13 (1): 22-32.

Albayrak S, Türk M, 2013. Changes in the forage yield and quality of legume - grass mixtures throughout avegetation period [J]. Turkish Journal of Agriculture and Forestry, 37: 139-147.

Awal M A, Koshi H, Ikeda T, 2007. Radiation interception and use by maize/peanut intercrop canopy [J]. Agricultural & Forest Meteorology, 139: 74-83.

Bakoglu A, Koc A, Goekkus A, 1999. Some characteristics of commonplants of range and meadows in Erzurum in relation to life span, beginning of flowering and forage quality [J]. Turkish Journal of Agriculture and Forestry, 23: 951-957.

Begon M, Harper J, Townsend C R, et al. , 1996. Ecology: individuals, populations and communities [M]. 3rd. Oxford: Blackwell Scientific Publications.

Bélanger G, Castonguay Y, Lajeunesse J, 2014. Benefits of mixing timothy with alfalfa for forage yield, nutritive value, and weed suppression in northern environments [J]. Canada Journal of Plant Science, 94: 51-60.

Betencourt E, Duputel M, Colomb B, et al., 2012. Intercropping promotes the ability of durum wheat and chickpea to increase rhizosphere phosphorus availability in a low P soil [J]. Soil Biology & Biochemistry, 46: 181-190.

Biligetu, B, Jefferson, P G, Muri R, et al., 2014. Late summer forage yield, nutritive value, compatibility of warm – and cool-season grasses seeded with legumes in western Canada [J]. Canada Journal of Plant Science, 94: 1139-1148.

Bulson H A J, Snaydon R W, Stopes C E, 1997. Effects of plant density on intercropped wheat and field beans in an organic farming system [J]. Journal of Agricultural Science, 128: 59-71.

Chiariello N, Hickman J C, Mooney H A, 1982. Endomycorrhizal role for interspecific transfer of phosphorus in a community of annual plants [J]. Science, 217 (4563): 941-943.

Cupina B, Krstic D, Mikic A, et al., 2014. The effect of field pea (*Pisum sativum* L.) companion crop management on red clover (*Trifolium pratense* L.) establishment and productivity [J]. Turkish Journal of Agriculture and Forestry, 34 (4): 275-283.

Daren D, Dwayne R, Tom E, et al., 1999. Sorghum intercropping effects on yield, morphology, and quality of forage soybean [J]. Crop Science, 39: 1380-1384.

Dhima K V, Lithourgidis A S, Vasilakoglou I B, et al., 2007. Competition indices of common vetch and cereal intercrops in two seeding ratio [J]. Field Crops Research, 100: 249-256.

Dubach M, Russelle M P, 1994. Forage legume roots and nodules and their role in nitrogen transfer [J]. Agronomy Journal, 86 (2): 259-266.

Eaglesham A, Rao V R, et al. , 1981. Short communication improving the nitrogen nutrition of maize by intercropping with cowpea [J]. Soil Biology Biochemy, 13: 169-171.

Eiji O, Mitsutaka T, Hiroshi M, 2012. Adaptation responses in C4 photosynthesis of maize under salinity [J]. Journal of Plant Physiology, 16 (5): 469-477.

Foster A, Vera C L, Malhi S S, et al. , 2014. Forage yield of simple and complex grass - legume mixtures under two management strategies [J]. Canada Journal of Plant Science, 94: 41-50.

Frankow-Lindberg B E, Halling M, Höglind, et al. , 2009. Yield and stability of yield of single-andmulti-clover grassclover swards in two contrasting temperate environments [J]. Crass and Forage Science, 64 (3): 236-245.

Fujita K, Ogata S, Matsumoto K, et al. , 1990. Nitrogen transfer and dry matter production in soybean and sorghum mixed cropping system at different population densities [J]. Soil Science Plant Nutrion, 36: 233-241.

Gao Y, Duan A, Qiu X, et al. , 2010. Distribution of roots and root length density in a maize/soybean strip intercropping system [J]. Agricultural Water Management, 98: 199-212.

Gardner F P, Pearce R B, Mitchell R L, 1985. Physiology of Crop Plants [M]. Iowa: Iowa State University Press: 31-46.

Giller K, Ormesher J, Awah F, 1991. Transfer of Nitrogen from Phaseolus bean to intercropped maize measured using 15N-enriched and N-isotope dilution methods [J]. Soil Biology and Biochemistry, 23: 339-346.

科尔沁沙地人工草地豆禾间作效应

Glowacka A, 2013. The influence of different methods of cropping and weed control on the content and uptake of Fe and Mn by dent maize [J]. Journal of Elementology, 18 (4): 605-619.

Guendouz A, Guessoum S, Maamari K, et al., 2012. Predicting the efficiency of using the RGB (red, green and blue) reflectance for estimating leaf chlorophyll content of Durum wheat (*Triticum durum* Desf.) genotypes under semi-arid conditions [J]. American-Eurasian Journal of Sustainable Agriculture (6): 102-106.

Guillaume L, Bettina I G, Per A, et al., 2011. Cowpea N rhizodeposition and its below-ground transfer to a co-existing and to a subsequent millet crop on a sandy soil of the Sudano-Sahelian eco-zone [J]. Plant and Soil, 340: 369-382.

Hamel C, Barrantes-Cartin U, Furlan V, et al., 1991. Endomycorrhizal fungi in nitrogen transfer from soybean to maize [J]. Plant Soil, 138 (1): 33-40.

Hamel C, Furlan V, Smith D L, 1991. N_2-fixation and transfer in a field grown mycorrhizal corn and soybean intercrop [J]. Plant Soil, 133 (2): 177-185.

Harris D, Natarajan M, Willey R W, 1987. Physiological basis for yield advantage in a sorghum-groundnut intercrop exposed to drought. I. Dry-matter production, yield, and light interception [J]. Field Crops Research, 17: 259-272.

Heap A J, Newman E, 1980. Links between roots by hyphae of vesicular-arbuscular mycorrhizas [J]. New Phytologist, 85 (2): 169-171.

Hirohumi S, Kounosuke F, Shoitsu O, 2012. Effects of phosphorus on drought tolerance in Chloris gayana Kunth and Coix lacryma-jobi L [J]. Soil Science and Plant Nutrition, 36 (2): 267-274.

Hodgson J, 2010. Variations in the surface characteristics of the sward and the short - term rate of herbage intake by calves and lambs [J]. Grass & Forage, 36 (1): 49-57.

Inal A, Gunes A, Zhang F, ct al., 2007. Peanut/maize intercropping induced changes in rhizosphere and nutrient concentrations in shoots [J]. Plant Physiology and Biochemistry, 45 (5): 350-356.

Izaurralde R C, Mcgill W B, Juma N G, 1992. Nitrogen fixation efficiency, interspecies N transfer, and root growth in barley-field pea intercrop on a black chernozemic soil [J]. Biology and Fertility of Soils, 13: 11-16.

Jensen E S, 1996. Grain yield, symbiotic N_2 fixation and interspecific competition for inorganic N in pea - barley intercrops [J]. Plant Soil, 182 (1): 25-38.

Johansen A, Jensen E, 1996. Transfer of N and P from intact or decomposing roots of pea to barley interconnected by an arbuscular mycorrhizal fungus [J]. Soil Biology and Biochemistry, 28 (1): 73-81.

Kirk J L, Beaudette L A, Hart M, et al., 2004. Methods of studying soil microbial diversity [J]. Journal of Microbiological Methods, 58 (2): 169-188.

Kumar S, Rawat C R, Melkania N P, 2005. Forage production potential and economic of maize (*Zea mays*) and cowpea (*Vigna unguiculata*) intercropping rained conditions [J]. Indian Journal of Agronomy, 50: 134-148.

Kyriazopoulos A P, Abraham E M, Parissi Z M, et al., 2013. Forage production and nutritive value of *Dactylis glomerata* and *Trifolium subterraneum* mixtures under different shading treatments [J]. Grass & Forage Science, 68 (1):

72-82.

Ledgard S F, 1985. Assessing nitrogen transfer from legumes to as sociated grasses [J]. Soil Biology and Biochemistry, 17 (4): 575-577.

Li C, Dong Y, Li H, et al., 2016. Shift from complementarity to facilitation on P uptake by intercropped wheat neighboring with faba bean when available soil P is depleted [J]. Scientific Reports, 6 (1): 18663.

Li H G, Zhang F S, Rengel Z, et al., 2013. Rhizosphere properties in monocropping and intercropping systems between faba bean (*Vicia faba* L.) and maize (*Zea mays* L.) grown in a calcareous soil [J]. Crop and Pasture Science, 64 (10): 976-984.

Li L, Sun J H, Zhang F S, et al., 2006. Root distribution and interactions between intercropped species [J]. Oecologia, 147 (2): 280-90.

Li L, Yang S, Li X, et al., 1999. Interspecific complementary and competitive interactions between intercropped maize and faba bean [J]. Plant and Soil, 212 (2): 105-114.

Li S X, Wang Z H, Hu T T, et al., 2009. Nitrogen in dryland soils of China and its management [J]. Advances in Agronomy, 101: 123-181.

Liu T D, Song F B, 2012. Maize photosynthesis and microclimate within the canopies at grain- filling stage in response to narrow- wide row planting patterns [J]. Photosynthetica, 50 (2): 215-222.

Mao L, Zhang L, Li W, et al., 2012. Yield advantage and water saving in maize/pea intercrop [J]. Field crops research, 138: 11-20.

Marshall B, Willey R W, 1983. Radiation interception and growth in an intercrop of pearl millet/groundnut [J]. Field Crops Research, 7 (83): 141-160.

Mc Intyre B D, Riha S J, Ong C K, 1996. Light interception and evapotranspiration in hedgerow agroforestry system [J]. Agricultural and Forest Meteorology, 81: 31-40.

Mei P P, Gui L G, Wang P, et al. , 2012. Maize/faba bean intercropping with rhizobia inoculation enhances productivity and recovery of fertilizer P in a reclaimed desert soil [J]. Field Crops Research, 130: 19-27.

Neto J F, Costa Crusciol C A, Soratto R P, et al. , 2012. Pigeonpea and millet intercropping: phytomass persistence and release of macronutrients and silicon [J]. Bragantia, 71 (2): 264-272.

Nichiporovich A A, 1961. Properties of plant crops as optical system [J]. Plant Physiology, 8: 428-435.

Ofosu - Budu G K, Sumiyoshi D, Matsuura H, et al. , 1993. Significance of soil N on dry matter production and N balance in soybean/sorghum mixed cropping system [J]. Soil Science and Plant Nutrition, 39 (1): 33-42.

Ossom E M, Kuhlase L M, Rhykerd R L, 2009. Soil nutrient concentrations and crop yields under sweet potato (*Ipomoea batatas*) and groundnut (*Arachis hypogaea*) intercropping in Swaziland [J]. International Journal of Agriculture and Biology, 11 (5): 591-595.

Rajan G, Jay B N, Elise P, 2014. Alfalfa - grass biomass, soil organic carbon, and total nitrogen under different management approaches in an irrigated agroecosystem [J]. Plant & Soil, 374 (1/2): 173-184.

Razligi S N, Doust-Nobar R S, Sis N M, et al. , 2011. Estimation

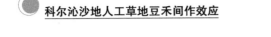

of net energy and degradability kinetics of treated whole safflower seed by io vitro gas production and nylon bag methods [J]. Annals of Biological Research, 2: 295-300.

Stern W, 1993. Nitrogen fixation and transfer in intercrop systems [J]. Field Crop Research, 34 (3-4): 335-356.

Sturludóttir E, Brophy C, Bélanger G, 2014. Benefits of mixing grasses and legumes for herbage yield and nutritive value in Northern Europe and Canada [J]. Grass and Forage Science, 69 (2): 229-240.

Ta T C, Faris M P, 1987. Species variation in the fixation and transfer of nitrogen from legumes to associate grasses [J]. Plant and Soil, 98: 265-274.

Tang Q, Haile T, Liu H, et al., 2018. Nitrogen uptake and transfer in broad bean and garlic strip intercropping systems [J]. Journal of Integrative Agriculture, 17 (1): 220-230.

Tomm G O, van Kessel C, Slinkard A E, 1994. Bi-directional transfer of nitrogen between alfalfa and bromegrass: short and long term evidence [J]. Plant Soil, 164 (1): 77-86.

Tsubo M, Walker S, 2002. A model of radiation interception and use by a maize-bean intercrop canopy [J]. Agricultural & Forest Meteorology, 110: 203-205.

Van K, Christopher H, 2000. Agricultural management of grain legumes: has it led to an increase in nitrogen fixation [J]. Field Crops Research, 65: 165-181.

Van Kl C, Roskoski J P, 1988. Row spacing effects on N_2-fixation, N-yield and soil N up take of intercropped cowpea and maize [J]. Plant and Soil, 111 (1): 17-23.

Whitmore A P, Schroder J J, 2007. Intercropping reduces nitrate leaching from under field crops without loss of yield: A modelling study [J]. European Journal of Agronomy, 27: 81-88.

Wells A T, Chan K Y, Cornish P S, 2000. Comparison of conventional and alternative vegetable farming systems on the properties of a yellow earth in New South Wales [J]. Agriculture, Ecosystems & Environment, 80 (1-2): 47-60.

Willey R W, 1979. Intercropping - its importance and research needs: Part 1. Competition and yield advantages [C] // proceedings of the Field crop abstracts, F, 32: 1-10.

Wu Z Z, Wang X L, Song B Q, et al., 2021. Responses of photosynthetic performance of sugar beet varieties to foliar boron spraying [J]. Sugar Technology, 23 (6): 1-8.

Xia H Y, Zhao J H, Sun J H, et al., 2013. Dynamics of root length and distribution and shoot biomass of maize as affected by intercropping with different companion crops and phosphorus application rates [J]. Field Crops Research, 150 (15): 52-62.

Xuemei X, Zhihui C, Huanwen M, et al., 2013. Intercropping of green garlic (*Allium sativum* L.) induces nutrient concentration changes in the soil and plants in continuously cropped cucumber (*Cucumis sativus* L.) in a plastic tunnel [J]. Plos One, 8 (4): e62173.

Yang W T, Li Z X, Wang J W, et al., 2013. Crop yield, nitrogen acquisition and sugarcane quality as affected by interspecific competition and nitrogen application [J]. Field Crops Research, 146: 44-50.

Zhang X Q, Huang G Q, Bian X M, et al., 2013. Effects of nitrogen fertilization and root interaction on the agronomic traits of intercropped maize, and the quantity of microorganisms and activity of enzymes in the rhizosphere [J]. Plant and Soil, 368 (1-2): 407-417.